77冊から読む

科学と不確実な社会

77冊から読む

科学と不確実な社会

海部宣男
Kaifu Norio

岩波書店

目次

目　次

目　次

III　不確かな大地からはるかな頭上へ──地球と宇宙

目　次

目　次

装画・扉カット＝堀川理万子

I

世界は拡がる

——科学から見る人類の活動

アマゾン文明の研究――古代人はいかにして自然との共生をなし遂げたのか

……実松克義著／現代書館 '10

大平原に栄えた驚くべき「土の文明」

「アマゾン文明」とは、あまり聞きなれない。怪しげな「古代超文明」の類《たぐい》では？　それにアマゾンといえば大河と熱帯雨林、未開の地のイメージが強い。文明とは結びつきにくいのだが、本書は間違いなく「アマゾン文明」の本格的な紹介である。

実は、アマゾン各地に高度な古代文化が存在した証拠は、早くから知られてはいたという。コロンブスやピサロの後にアマゾンの奥深く布教に入った、イエズス会の修道士たちの報告にもある。特に本書の中心テーマであるボリビア・アマゾンのモホス大平原にいた先住民族については、道路や運河、複雑な政治形態を持つ「文明人」と報告されていたらしい。二〇世紀に入ると、本格的な発掘も行われた。アマゾン河口のマラジョ島では大量の土器や住居跡、大規模な農地跡が発見されたが、それでも特殊な例とみなされた。アマゾン独自の古代文化はなかなか把握されないままいまに至ったが、熱帯雨林に加え、小さな部族単位で暮らす原住民の現状からも大規模な文明社会はあり得ないという感覚がやはり強かったためという。

著者は、宗教人類学者である。中米・南米アンデスで長年フィールドワークを続けてきたが、最近アマゾンの古代文明に関心を持ち、本格的な調査を始めた。前半では紆余《うよ》曲折の末に明確な形を取りはじめたアマゾン考古学研究の歴史を、丁寧にかつ迫力をもってまとめている。この本の魅力の一つは、まさにここにある。

著者による調査と初期成果は、本書の後半で紹介される。調査に取り組んでいるのは、アマゾン上流、日本の本州より広い面積を持つモホス大平原だ。主に粘土質の痩《や》せたサバンナが広がっているが、ここは毎年のアンデスの雪解け水で世界最大の氾濫湖《はんらんこ》になる所である。注目すべきことにこのモホスには、巨大な幾何学的構造がいたるところに存在する。ロマと呼ばれる、二万におよぶ人工の丘。土器が何層にもわたって大量に出土する住居跡である。盛り土の道＝テラプレンがロマから多数延び、他のロマとつながって巨大なネットワークを構成している。テラプレンは完璧と言える直線で、幅も一メートルから一〇メートルと、広い。初期のスペイン人たちは先住民が使う道と報告し、その構造、清潔さに感嘆している。驚くのは方形の巨大な人造湖で、その数、二〇〇〇。長辺一〇キロメートルを超えるものもある。これらの構造物は、複雑な運河のネットワークで互いに結ばれ、囲まれている。さらに、高度な技術を駆使した大規模農地跡が広範に残されているという。

こうして見てくると、モホス大平原で相当数の人々が暮らし、大規模な土木事業が組織されていたことは明らかだ。その建設や維持には、中央集権的な社会組織が必須である。「アマゾン文明」と呼ばれるゆえんだ。こうしたアマゾン考古学の詳細な紹介は新鮮で、もちろんこれが本書のもう一つの大きな魅力である。

明らかになってきたモホス文明の実相はなかなか驚くべきものだが、詳しいことは本書をぜひ。アマゾン文明には従来知られていた古代諸文明との大きな違いがあると、著者はいう。石や日干しレンガの巨大な構造物がないことだ。ロマの大きなものは都市の規模であり、天文台か祭壇らしいピラミッド構造もある。しかしそれらはすべて、土を盛ったもの。モホス文明は、「土の文明」なのである。アマゾンの大自然と調和した文明が作り出されていたと、著者は考える。日本の縄文文化と通じるところがあるかもしれないが、アマゾンではその土木事業に見るようにはるかに大規模で組織化されたものだった。

アマゾンで高度な文明が見出されているのは、モホスだけではない。前述のマラジョ島などの、非常に古い洗練された土器。中央アマゾンでは、テラプレタと呼ばれる人工土壌を用いた大規模な農耕システム跡が確認されている。リオブランコでは密林に隠れていた幾何学模様の地上絵が発見され、まだ多数隠されているといわれる、等々。上流のエクアドル・アマゾンには紀元前一〇〇〇～二〇〇〇年にさかのぼる古代都市遺跡があり、膨大なアンデス文明遺跡へと連続していくのではないかという。

モホス文明は紀元前二〇〇〇年ころから始まり、紀元五〇〇年ころに大規模化したらしいが、なぜか一二〇〇～一三〇〇年ころに放棄され、消滅する。アマゾン文明の起源と中南米の諸文明との関わりは、今後の大きなテーマだ。著者はアマゾン文明のさらに古い起源や、中南米文明全体の源流である可能性までも示唆するが、本書で見る限り、その根拠を読みとることはまだ難しい。いっぽう著者は古代アマゾン文明の担い手の文化を探ろうと南米部族の伝統や神話、宇宙観の調査も進めていて、興味深いものである。大きくまとまることを期待したい。

前述の改良土壌テラプレタはアマゾン域で広く見られ、アマゾンの一〇～一五％を占めるかもしれないという。とすれば、かつてのアマゾンは人々と農地に富む豊穣の地だったのだろうか。ここには、新しいアマゾン観が生まれてきそうな予感もある。著者が続けるモホスの発掘調査に期待したい。

人間・始皇帝……………………………鶴間和幸著／岩波新書 '15

「中華帝国」創始者の実像と実績が見えてくる

中国では一九七〇年代以降、竹簡《ちくかん》や板に書かれた秦代《しん》の記録が各地で続々と発見されている。南方の湖南省龍山県の古井戸からは、三万八〇〇〇枚もの記録が出土。中央からの詳細な指令や地方の対応など、秦の法治主義が全国にほぼ徹底していたことを物語るという。何しろ、紀元前三世紀だ。さすが文字の国・中国と、感じ入るしかない。これら同時代の出土記録からはまた、黄帝から前漢の武帝までの歴史を記した『史記』の記述と矛盾する記載も発見され、秦の歴史に新しい光が当たってきた。

秦の始皇帝といえば、中国の統一を初めて成し遂げ、度量衡を定め、大運河や万里の長城をつくり、一方では「焚書坑儒《ふんしょこうじゅ》」を断行した苛斂誅求《かれんちゅうきゅう》の皇帝ということになろう。だがその実像については、秦の滅亡(前二〇六)から一〇〇年以上後に司馬遷が書いた『史記』に、ほぼ全面的に頼ってきた。実証を旨とした『史記』だが、漢の公式な史書としての制約があり、後代の伝聞や思い込みも含まれる。膨大な埋蔵物で知られる「兵馬俑《へいばよう》」が発見されたのは一九七四年だが、その存在は『史記』に全く記載がなかった。長年古代中国史を研究する著者は、『史記』を基本としながら新たな出土資料を綿密に読み解き、始皇帝の実像と業績を掘り起こした。

たとえば始皇帝が彗星《すいせい》の出現や惑星の動きなどの天文現象をうまく利用したのではないかという著者

の推察があるが、これには大いに注目したい。その一例として、始皇帝の七~九年(前二四〇~二三八年)には大彗星がいくつも現れた。これは実際、珍しいことである。古代中国では天の異変は天から地上への警告として最も重視されたが、特に尾をひいて出現し、天を移動して消えてゆく彗星は、戦や政権の転覆の予兆として怖れられた。前二三八年、まだ秦王にもなっていなかった未成年の始皇帝は、権臣嫪《ろう》毒《あい》が起こした反乱を鎮圧し一族を断罪して、自らの成人と秦王への即位式を行ったとされる。だが著者は、『史記』のこの記述は時間の経過から見ても無理なところがあるとして、彗星の記録も参考に異論を唱える。始皇帝が彗星の出現で人々が不安な予感を持っていることを利用して、先手を打って一気に嫪毒の影響を除いたのではないか、というのである。とすれば始皇帝という人物、極めて思考の幅が広く、合理的で果断だったのだろう。

始皇帝が東方の六国を滅ぼして天下を統一した時、伝説の五帝を超える存在を意識して自ら選んだ号が、前例のない「皇帝」だった。以後、「皇帝」の称号と秦の法治制度、そして「中華」の思想は、代々の帝国に引き継がれてゆくことになる。

いっぽう始皇帝は、天に祈り、いにしえの五帝を崇《あが》める人でもあった。即位の翌年から帝国内の「巡行」を開始し、巡行の先々で天と五帝を祭ったことを、著者は詳しく述べる。古代中国では北斗七星が天の北極にいます天帝が天の帝国を視察する際の乗り物と考えられたことも、思い浮かぶ。旧い伝説である五帝や周王の国内巡行は、天の北極を年に一度めぐる北斗七星の動きを地上に移したものかもしれない。始皇帝も、それを忠実に実行したのだろう。

始皇帝が築いた最初の「中華帝国」は短命だったにもかかわらず、その後の中国、そして現代中国にまで、強い余韻を残している。中国史上、画期的な出来事だったのだ。随一の補佐役で法治主義を進めた李斯《りし》、秦を滅ぼした張本人とされる趙高《ちょうこう》など、脇役が姿をやや改めて浮かび上がるのも読みどころ。始皇帝陵には、未発見の壮麗な地下宮殿がいまも眠っているらしい。

巻末に、主な登場人物や資料の解説、年譜があるのはありがたい。これだけでも面白く読め、錯綜した記憶の確認にもまことに重宝である。

出土遺物から見た中国の文明──地はその宝を愛しまず…………稲畑耕一郎著／潮新書 '17

発見が続く古代の文物の迫力と歴史に触れる

中国は歴史も古いが、地域も広大かつ多様である。考古学的な発掘は近年盛んだが、定説を覆すような大発見がまだまだあるのがすごい。二〇一六年に全八巻の邦訳が完結した『中国の文明』(袁行霈ほか原著主編、稲畑耕一郎監修・監訳、潮出版社)は、北京大学がそうした中国考古学の成果をまとめた大著。本書は、その邦訳を監修した著者が十数個所の遺跡を選び、新書判で発掘の成果を紹介したものである。目新しく迫力ある出土文物と、一緒に掘り起こされた歴史に触れることができる。

巻頭グラビアの先史時代の「女神像」の迫力に、まず度肝を抜かれる。どうやって鋳込んだのか謎という、複雑極まりない青銅器もある。殷《いん》・周の地である黄河流域はもとより、長江流域やその源流域、さらに南の雲南の地などで発掘が進むにつれ、この広大な地域で交流しながらそれぞれ特徴的な文明が育っていたことが見えてきている。

グラビアは美しいが、やはり新書判。小さいし数が少ない。本文中のモノクロ写真では、説明される肝心な細部が読み取れない。ぜひ、出土物のカラー写真をまとめた美しい紹介本がほしいものだ。

トロイアの真実——アナトリアの発掘現場からシュリーマンの実像を踏査する

……………………大村幸弘著／山川出版社 '14

発掘から古代ギリシャ史の虚構にせまる

シュリーマンがここぞ「トロイア」と考えた、トルコ北西海岸のヒサルルック遺跡。ユネスコの世界遺産に「トロイアの古代遺跡」として登録されているが、ホメロスがうたったトロイア戦争の舞台がここだという証拠は、残念ながら全くないそうな。

古代詩「イーリアス」に描かれたトロイア発掘に取り組んだのが、シュリーマンだ。著者は、彼の自伝『古代への情熱』(村田数之亮訳、岩波文庫'76他)をポケットに、トルコに留学した。日本人として初めて遺跡の発掘権を与えられ、古代アナトリアの重要遺跡、カマン・カレホユックの発掘を三〇年も指揮している。現地に深く溶け込み、ヒッタイトの鉄の起源を追い続ける考古学者である。

その著者が、長年の発掘で積み上げた経験や証拠から、改めてシュリーマン以来の「歴史の真実」に鋭く迫った。シュリーマンがトロイア戦争の証拠と考えた火災層は、何を語るのか。ヒッタイト王国の滅亡とはどう絡むのか。著者によれば、シュリーマンもその後の発掘者たちも「イーリアス」の世界に深くとらわれて、判断を誤った。新たな結論はまだ出ないが、著者が発掘現場で構築中の、小アジア遺跡の詳しい「層序」がカギになるのは間違いなさそうだ。

飛鳥の木簡——古代史の新たな解明……市大樹著／中公新書 '12

「文字以後・紙以前」の日本が見えてくる

文字であれ絵であれ、墨書が残っている木片——木簡《もっかん》は、時々発見も伝えられるし身近に感じられる。だが本書によると、日本で木簡が考古学資料として認知されたのは戦後、一九六一年の平城京発掘以来なのだそうだ。そもそも平城京以前のものと見られる木簡は、極めて少なかった。

ところが一九九〇年代後半から二〇〇〇年代前半にかけて、平城京時代より前の飛鳥・藤原京時代の木簡が、数万点も出土した。飛鳥・藤原京時代といえば六世紀末〜八世紀初めで、古事記や日本書紀の成立以前だ。つまりこれらの木簡は、紙に書かれた歴史記録がない時代の日本を語る、貴重な文字資料なのである。

発掘調査の現場に身を置いてじっくり調べる機会を得た研究者による、これは飛鳥の木簡のホットな報告書。日本国家形成史に当たってきた新しい光を感じる本でもある。

これまで、歴史書の記述をめぐる論争や疑問が持たれた問題は、いろいろある。例えば六四五年の「大化の改新」は本当にあったのかという、日本という「国」の発祥に関わる重大な疑問もその一つだ。著者は同時代資料という木簡の強みで、じわじわ事実の輪郭に迫っている。まず手がかりになるのは、大量に出る「付札《つけふだ》」（木簡）だ。多くは朝廷に納める物税（租《そ》）や、駆り出された人（丁《ちょう》）、その食料とする

「庸《よう》」などに付けた、送り状である。

そんなもの、大化の改新と何の関係があるのか？　それが大あり。付札には、荷の内容のほか出荷地の名、日付が書かれている。人名もある。地名には国が定めた地方行政区分が、人名には官司名が付いてくる。それらから、七〇一年の大宝令の施行以前すでに、異なる行政システムがあったことが見えてきた。著者は慎重だが、「大化の改新はあったほうに傾いている」そうだ。

要件の伝達に用いた、「文書」木簡。文字の練習をした、「習書」木簡。お寺での宗教活動に関わるもの。日本最古の暦である中国わたりの元嘉暦《げんかれき》の断片。トイレで尻を拭う籌木《ちゅうぎ》（つまり、クソベラだ）に文字が残っているものまである。これとて、バカにできない。大きな歴史事実をあぶり出すカギが、隠されているかもしれない。

木簡に取り憑《つ》かれる研究者がいるのも、分かる気がする。ただし、字数は少ないし限定的な目的で書かれ、用事が済めば捨てられる。あるいは表面を削り取って、また文字を書く。実は木簡は立派なものより、削り屑《くず》が圧倒的に多い。木片に文字が残っていれば、みな木簡と呼ぶそうな。これでは調べるのも大変だ。

日本で紙が貴重だった時代、木ならまだ遠慮なく使い、捨てられただろう。だから木簡は、溝に積もったゴミなどから大量に見つかる。おかげでいま大活躍なのである。

飛鳥より古い時代の木簡の発見は、期待できるだろうか。現状では、かなり確かな日本最古級の木簡は七世紀前半という。著者が強調するのは、七世紀後半からの天武―持統朝で国政が急速に整備されてゆくのとほぼ時を同じくして、木簡が大量に出土しはじめることである。日付への干支《えと》の使用、地方行政区分や官制が、木簡に表れてくる。ということは、非常に古い木簡が大量に出ることはあまり期待できないらしい。それでも今後も木簡の発見は続くし、「大化改新」についてもはっきりしてくるだろうと、著者は期待する。

飛鳥・藤原の木簡からは、当時中国よりも密な交流があった朝鮮半島からもたらされたモノ・人・制度や技術が、色濃く浮かんでくる。その韓国でも最近木簡が注目され、発見が続いているというから楽しみだ。

「文字以後・紙以前」の時代の日本。まだまだ見えてくるものがありそうだ。

未盗掘古墳と天皇陵古墳

日本の歴史学・考古学が抱える夢と矛盾

松木武彦著／小学館 '13

未盗掘古墳と聞けば、高松塚古墳の美しい壁画や、発掘の新技術で注目された藤ノ木古墳が思い浮かぶ。古墳は盗掘されているのが普通で、未盗掘は稀《まれ》な存在だ。その学術的意義は大きい。

いっぽう天皇陵古墳と言えば、その歴史的重要性は明らかだが、一般の立ち入りは厳禁、学術調査も宮内庁によって拒まれている。それでいてその認定には間違いや疑問の指摘が数多いというから、日本の歴史学・考古学が抱える大矛盾である。

この両テーマを掲げた本書のクライマックスは、やはり未盗掘の勝負砂古墳《しょうぶざこ》(岡山県倉敷市)の発掘だ。著者は学生時代から未盗掘古墳発掘に携わったが、勝負砂古墳ではリーダーとして苦労も楽しみも味わう。藤ノ木古墳発掘で培われた技術を使って、甲冑《かっちゅう》や馬具の上に汚いゴミのように散らばっていた繊維から、元の布の材質や色まで推定された。「それぞれの品物が、いろいろな色をした絹などの布にくるまれて」遺骸の周りに配置された「カラフルでやわらかい空間」が、復元できそうという。荒らされていない未盗掘古墳発掘では、このように多様な副葬品がセットで出土することが重要だ。埋葬の状況を再現し、そこから被葬者の解明や当時の社会、国際関係まで追いかけることができる。考古学者には、大型未盗掘古墳の発掘はさぞ大きな夢だろうなあ。だが現実はそれほど簡単ではない……らしい。それも、だんだん見えてくる。

著者は、現代考古学の古墳発掘がいかに手間と時間をかけて丁寧に進められるかを、諄々と説く。まずは、古墳全体の測量だ。ついで、手順に従い周囲に少しずつトレンチ(発掘溝)を入れて行く。発掘を、〝掘る〟などと簡単に言ってほしくない。さらに発掘の成否は、その記録にかかっている。発掘品を丁寧に保存しても、やはり墓室内部の原形は失われ、「破壊」という一面がどうしても残るからだ。未盗掘古墳ともなれば、禍根を残さない発掘、膨大な労力、そして発掘よりさらに時間と労力を要する記録の整理と発表が必要である。「それをやる力が、自分たちにあるだろうか」と、未盗掘古墳を前にして研究者は悩む。もちろん著者も悩んだ。最近では「将来発掘技術が進むまで発掘を凍結する」という傾向にあるとか。それを、研究者不足・予算不足が後押ししている。

しかし。いま発掘に最善を尽くすことこそ、考古学の発展と未来にとって大事だというのが、著者がたどりついた結論だ。そのためにも前にも述べた丁寧な発掘を進め、技術を発展させる。藤ノ木古墳の技術的冒険がなければ、勝負砂古墳の発掘の成功もなかっただろう。

天皇陵古墳にも、この視点は繋がってゆく。

現存する古墳を天皇陵や皇族の墓にあてはめ認定する作業を、「治定《じじょう》」というそうだ。現代的な歴史学・考古学以前に行われた「治定」がほとんどで、文献頼りのこじつけも多く、今は天皇陵古墳の半数近くに年代の違いなど強い疑問が投げかけられている。著者は大きさや形式から各時代のトップ・リーダーたる「大王」の墓と考える大型古墳を一八基挙げるが、そのうち「天皇陵古墳」に「治定」されているのはたった八基にすぎない。

日本考古学協会など学術団体は、天皇陵古墳を管理する宮内庁にその学術調査解禁を求めてきた。「立ち入り調査」が徐々に認められてはいるが、範囲は極度に制限され、地表の遺物を拾い上げてもいけないという。いや、とても近代国家とは思えません。

とはいえ考古学者の多くも、直ちに天皇陵を発掘したいと考えているわけではない。膨大な資金と手間が必要だし、余計な対立を生む恐れもある。だがここでも著者は、未盗掘古墳の場合と同様に考える。「天皇陵古墳を真の意味で読み解くことができるのは、考古学しかない」。

日本の考古学と社会に投げられた問題提起である。

アイヌの世界

瀬川拓郎著／講談社選書メチエ　'11

縄文の言語と文化のタイムカプセルか

アイヌ語には、日本語との共通な言葉が少ない。「アイヌ」という言葉自体、「カムイ＝神」に対する「人間」の意味だから、私たちがいわゆる「日本的」と考える発想とはだいぶ違う。宇宙の概念を含め世界観や文化一般でもヤマト的伝統文化とは大いに違い、オホーツク文化の強い影響が明らかだ。長期にわたって互いに近く暮らしてきたのに鮮明なこの違いは、どこからきているのだろう。

言語学から見て、アイヌ語はやはり日本語とは違う。また北方諸民族の言葉とも違うそうだ。それどころか同系の言語が見当たらず、系統不明な言語というしかないというから、不思議である。では、民族学・民俗学から見ればどうか。本書は、クマ祭りなどアイヌ文化の比較分析や考古学の成果を組み合わせながら、アイヌ世界の成り立ちに迫った好著。まだ謎の多いアイヌ文化に、多面的な考察の光を当てている。

北のアイヌは、南の旧沖縄人とともに縄文人の流れを濃く汲む人々で、大陸から稲作文化を持ち込んだ人々によって南北に追われたという見解がある。ただしこれには異論もあるし、孤立した言語であるアイヌ語に対し、琉球語は旧い歴史時代の日本語を祖語とする。

著者は、古くは蝦夷《えみし》と呼ばれたアイヌの人々は、やはり縄文人の流れを汲むと考える。アイヌ語は、失われた縄文語を基礎とする言語だろうと。その後、古代から近代にかけての日本語から、また北のオホーツク文化を担ったツングース諸言語からも、文化と共に言葉や概念を輸入し変容してきた。そうした著者の考察は、縄文の流れを汲む続縄文《しょくじょうもん》文化、農耕文化の影響を受けた擦文《さつもん》文化、さらにオホーツクの荒海に乗り出した大交易時代、というアイヌ文化の変遷の歴史をふまえたものである。

もしそうならアイヌ語は、失われた縄文語の基層をいまに残す言語ということになるわけだ。なかなかすごいことだなあ。

アイヌ世界の変遷をたどる上で著者がくり返し考察するのは、飼いグマ儀礼を含むクマ祭り文化だ。これは、東北日本で盛んだった縄文文化のイノシシ儀礼から、北海道ではアイヌのクマ儀礼へと移っていったと考える。してみるとアイヌの信仰・儀礼も、縄文文化のタイムカプセルということになるかもしれない。

日ごろ親しみ深い北海道だが、そこで育まれてきた歴史や文化について、私たちは知らないことだらけだ。本書には、目を開かされる事項・考察が満載である。『日本書紀』に書かれた遠征で、阿倍比羅夫《あべのひらふ》は誰と、どこで戦ったのか。七〜九世紀の東北地方から北海道石狩地区への農民の進出は、どんな影響を残したか。古代からくり返されたオホーツクの民との攻防の末、一一世紀頃からサハリン・沿海州へと乗り出した勇敢なアイヌの人々は、何をめざしたのか。

どれも面白い話だ。著者によれば、アイヌはある時期「オホーツクのヴァイキング」だった。モンゴルの大軍をサハリンで迎え撃ったというのも、すごい。

最後に著者が提示するのは、「アイヌ世界の景観」を復元する試みである。舞台は上川盆地、時間スケールは一万年。登場するアイヌの人々は、森の民から、川の民＝サケを売りさばく交易の民へ、そして明治になり、内地から送り込まれた屯田兵や水田耕作の農民たちに「二流農民」へと押し込められる。民族の文化とその舞台を、時間を軸に俯瞰《ふかん》する試みが新鮮だ。

考えてみれば明治のアイヌに起きたことは、かつて稲作文化の流入によって日本各地の縄文人に起こったことでもあっただろう。アイヌの世界が、二重の意味で縄文と重なってくる。

イチョウ　奇跡の2億年史――生き残った最古の樹木の物語……ピーター・クレイン著、矢野真千子訳／河出書房新社 '14

美しい樹から波瀾万丈の歴史と文化をひもとく

イチョウが美しい季節には、その黄金色を毎年楽しんでいたつもりだった。だが「イチョウの木々は不気味なほどいっせいに葉を落とす」そうだ。改めて、よく見なくては。

独特の姿と並木の美しさ、巨木の威厳も含めて、イチョウは私たちに近しい存在だ。世界中で、街路樹の代表。日本では数十もの自治体の木に指定されている。全国に散在する巨木は、古くから大切にされてきた。……とはいえ、日ごろ親しんでいるようでいて、私たちはイチョウのことを知らない。本書でそれを思い知らされた。いやこの本はそれ以上で、イチョウ自体の話はもちろん、その波瀾万丈の歴史をひもとき、イチョウの現在に中国と日本が深くかかわったことを語り、イチョウを取り巻く歴史や文化にもまんべんなく触れてゆく。植物学の研究でサーの称号を受けたイギリスの大御所が樹木とイチョウへの愛情を注いで書き上げた、「イチョウ大鑑」である。

イチョウは、枝ぶりも独特だ。長く曲がりくねって伸びた太枝と、無数に絡み合って葉を付けた細枝とのアンバランス。この「アンバランス」がイチョウ独特の枝の伸ばし方から来ることを、本書で納得した。葉も、変わっている。その形だけでなく、葉脈はまっすぐ伸びて、隣り合う葉脈とネットワークを作らない。加えて、雌雄異株《いしゅ》という有名な特徴。それに種子である銀杏《ぎんなん》の、独特という以上のあの臭い。

イチョウは二億四〇〇〇万年前に起源を持つ、最古の種子植物の一つだ。数千万年前までは、世界中の温暖な気候帯で栄えていた。イチョウの独特さの原因は何といっても、生物種としてのこの古さにある。しかし二〇〇万年前ころ、ほぼ絶滅。原因は寒冷化と、それに続く氷河期らしい。種子を食べて運んでくれる動物種の絶滅がイチョウ衰退の要因になったという可能性も、あるそうな。あの実の臭いとも関係があるのかな。

だがイチョウは、もちまえの強靭《きょうじん》さと復元力でなんとか生き延びた。現存のイチョウはすべて、中国の山奥(重慶の金佛山という)に細々と残った野生種の子孫だそうだ。恐竜の時代に栄えた多様な近縁種の植物は、みな絶滅した。だからイチョウは、他に例を見ない孤高の植物なのだ。

生き残ったイチョウの冒険は、さらに続く。古代中国王朝で薬・食用として見いだされ、そのため農家で栽培されてまた広がった。大樹となるから仏教寺院にも植えられ、尊敬された。日本に渡ったのは平安末期以降、一三～一四世紀だろうという。ということは……かの公暁《くぎょう》が隠れて鎌倉将軍実朝を暗殺したという鶴岡八幡宮の大銀杏《おおいちょう》は、その頃はまだなかった！　それどころか、日本に樹齢千年というイチョウは、今でもないはずなのだ。うーむ。そうなのか。

ところがイチョウが近代西欧の植物学者の目に触れたのは、日本においてである。長崎にやってきたケンペルやシーボルトが活躍する。種子植物であるイチョウに精子があり、泳いで受精するという平瀬作五郎の大発見(明治二九年)も、彩り豊かに語られる。中国や日本の伝説・古記録、ヨーロッパに広まっていったイチョウの物語、銀杏の食べ方あれこれと、うんちくは尽きない。

著者は、生物多様性条約(ＣＢＤ)は極端な自然保護主義と国家主義によって「利益と商品化ばかりを重視する狭量な国際協定」になってしまったという。著者が説くように、樹木が持つ長い時間の尺度で考えることが、現代の私たちには必要だろう。

一般向けに書かれた本だが、膨大な文献と注釈を含めて、樹木とその研究を知りたい学生や先生にも大いに役立ちそうだ。

天文学者たちの江戸時代――暦・宇宙観の大転換……………………嘉数《かず》次人著／ちくま新書 '16

江戸時代の天文学を牽引したのは大坂の民間学者だった

あまり知られていないことだが、江戸時代後半、遅れていた日本の天文学を改革し西洋天文学導入の流れを創ったのは、大坂を拠点とした民間出身の学者たちだった。なにしろ、身分・出自がすべてを決め、「公」が「民」を支配した時代である。ところが、渋川春海《はるみ》以来江戸幕府で代々伝えられてきた天文方による官製天文学は、鎖国日本へも流れ込んでくる新しい西欧の天文学に、対応することが全くできなかったのだ。大阪出身で大阪市立科学館学芸員を務める著者は、これに大いに関心を抱く。資料を集め文献を読み解いて、江戸期を通した天文学者たちの苦心と業績、そして西欧天文学の日本への受容の流れを、読みやすい物語に再現した。

初めて日本独自の暦を作った幕臣の渋川春海から、大坂学派の祖・麻田剛立《ごうりゅう》、その弟子で江戸に出て活躍した高橋至時《よしとき》や、伊能忠敬《いのうただたか》、観測機名人の間重富《はざましげとみ》、シーボルト事件で獄死した高橋景保《かげやす》などがキーパーソンである。渋川家と大坂学派、それに中国暦を千年来墨守してきた京都の土御門《つちみかど》家が競い合い、あるいは協力し合って日本の暦を進歩させてゆく展開には引き込まれる。原動力は、やはり新しい学問への情熱だった。間重富は幕府に説いてオランダ天文書の翻訳を進め、高橋景保は望遠鏡で彗星《すいせい》や天王星の観測に取り組んだ。近世日本の天文学の受容を牽引した学者たちの姿が浮かび上がる好著。

江戸の骨は語る——甦った宣教師シドッチのＤＮＡ……篠田謙一著／岩波書店 '18

行政と科学者の日常的協力が大事

意外に、穏やかである。鎖国の日本に単身乗り込んだ、捨て身の宣教師の顔だ。三〇〇年前の切支丹《キリシタン》屋敷跡で出土した遺骨から復元されたもの。骨の形態分析とゲノム解析（九八ページ）を駆使した発掘の成果は、二〇一六年末、国立科学博物館（科博）のニュース展示「よみがえる江戸の宣教師《バテレン》」で公開され、好評を博した。

東京都文京区にあった切支丹屋敷は、江戸初期の切支丹狩りで捕らえられた宣教師や信者が収容され、生涯閉じ込められたりした所である。この過酷な弾圧で布教が断念された後になってから日本にやってきたのが、本書の主人公ともいうべきイタリア人宣教師、シドッチだ。無謀な日本入りを強行してすぐ捕まり、切支丹屋敷に死ぬまで幽閉された。その調べに当たったのが、六代将軍家宣に用いられた大碩《せき》学《がく》・新井白石だったのは面白い。本書でも触れている藤沢周平の歴史小説『市塵』（講談社文庫）は、白石のシドッチ尋問の様子をあの繊細な筆致で活写している。シドッチの博学に舌を巻き、彼が語った世界の地理文物にいたく関心を寄せた白石は、尋問をもとに『西洋紀聞』（岩波文庫他）を著した。シドッチは図らずも、白石を通して江戸期の日本に一定の影響を与えたわけだ。

発掘は、切支丹屋敷跡地の一部にマンションを建設するに際しての埋蔵文化財発掘調査として行われた。歴史的に注目される場所だけに、担当の文京区教育委員会も慎重になったようだ。当初は骨が出るとは予想されていなかったが、並んだ三つの墓穴と三体分の骨が発見され、国立科学博物館に持ち込まれた。分析を担当したのが、著者が率いる人類研究部である。ゲノム解析による人類学研究はヨーロッパが先行しているため、これまでの研究成果もヨーロッパを舞台としたものが圧倒的なのが現状だ。それに対して著者は、ゲノム解析で主に日本人のルーツを探り発信してきた研究者だ。本書は私たちに身近な現場からの、ゲノム分析研究の具体的報告である。

まず、骨の形態学的な分析が行われ、出土した骨の中の一体で、ヨーロッパ人的な特徴と性別・年齢などが明らかになった。次いで、骨から慎重に取り出したゲノムを用いた遺伝子解析に進む。乏しい研究費と相談しながら、まず比較的実績のあるミトコンドリアのゲノム解析を行い、ヨーロッパ人であることが突き止められた。だがまだ、シドッチである決定打にはならない。そこで、次世代シークエンサによる最新のゲノム解析法が登場する。情報量が多い細胞核のゲノムの分析の結果、イタリア人と判明。シドッチと結論付けられた。

とんとん拍子に見えるが、話は科学だけでは閉じない。ふだん科学と縁が薄い行政の責任者や担当者からは、科博の研究者も発掘の下請けとしか見えない。骨がシドッチとわかっても、国際問題や面倒を恐れて公開したがらない。成果の発表もままならず、科学分析チームは苦労する。「お役所」の保守性は現代日本の大きな問題だが、それは地方行政でも同じなのだ。著者の意図は別としても、これが本書の提起するもう一つのポイントだ。それでも発掘の成果が次第に評判になり、科博での展示方針も示されたりするにつれて、著者たちは科学的成果を広く発表できるようになった。

いまは災害、エネルギー、環境など、科学的判断抜きの政策では道を誤る時代だ。だが日本ではまだ、行政や政治に科学が活かされていない。こうした苦労話も土台に、行政と科学者との日常的な協力体制が作られひろがっていくことを願う。

耳嚢（上・中・下）……根岸鎮衛著、長谷川強校注／岩波文庫 '91
北越雪譜……岡田武松校訂／岩波文庫 '36

江戸期のエッセイ

疲れたときの肩の凝らない読みものは私の場合、断然江戸ものだ。藤沢周平を失ってがっかりしたが、その後多彩な顔ぶれと新作が登場してきて、少し気を持ち直した。

読書椅子にくつろいで読むにはとりわけ、捕物帖がよい。だいぶ前から楽しみに読んでいる一つが、風野真知雄「耳袋秘帖」シリーズ（文春文庫）だ。数ある捕物帖の中でユニークなのは、江戸のエッセイとして異彩を放つ『耳袋（耳嚢）』を舞台回しにしたところである。

『耳袋』の著者である旗本・根《ね》岸《ぎし》（肥前守《ひぜんのかみ》）鎮衛《やすもり》は、もちろん実在の人物だ。禄一五〇俵の家から功績を重ね、南町奉行・千石取りにまでなった。遠山の金さんよりも先輩だ。公平かつ磊落《らいらく》な人柄で、人情世情に通じた面白い人物だったらしい。一八年も町奉行を務めたのも、そうしたところからだろう。『耳袋』は、この根岸鎮衛がいろいろな人から聞いた話を中心に三〇年間、死ぬまで書き継いだエッセイである。町人・武士の世間話から妖怪譚まで、ともかく面白いと思った話を片っぱしから集めた。生前から知人の間で筆写され読みまわされ、大いに評判だったという。

捕物帖「耳袋秘帖」シリーズはこの『耳袋』を材料に、江戸に起きる怪奇な事件を南町奉行たる肥前守の博識と合理的解釈で解決してゆくというもの。迷信に深く包まれた江戸の雰囲気を伝える。ただ『耳袋』自体は、化け猫だの幽霊だのといった不思議な話に、とりたてて科学的解釈を加えているわけではない。他書のひき写しや怪しげな話も多い。だが根岸鎮衛が実に合理的な精神の持ち主であったことは、書いている言葉の端々《はしばし》に現れる。皮肉な目も、しっかり持っている。この江戸という時代の合理的知性の体現者のひとりが町奉行だったというのは意外でもあるが、なるほどとも思う。

新年ごとに艶笑句《えんしょうく》や艶笑漢詩を作り、お城の老中に至るまでそれを待ちかねたという肥前守、いまあちこちで人気上昇中らしい。平岩弓枝「はやぶさ新八」シリーズ(講談社文庫)でも、ちょっとカッコよすぎる主人公のよきボスである。

そんな江戸のエッセイをもう一つ。『耳袋』のやや後に書かれた『北越雪譜《ほくえつせっぷ》』も、ぜひ挙げたい。著者は越後の豪商・鈴木牧之《ぼくし》である。越後の雪中での生活や風俗、自然、怪異を、写実的で迫力ある筆で綴った本だ。画にも堪能だった著者が描く随所の絵が、またいい。冒頭に、雪の結晶図とかなり的確な考察がある。越後縮の作業、化石や雪女、遭難して熊に助けられた話、狼に襲われた一家の悲惨などなど。

『枕草子』『徒然草』をはじめとする日本のエッセイの伝統は、江戸時代には武士や商人の筆で大いに発展した。わずか二〇〇年前の日本文化も忘れがちな私たちに、豊かな世界をとり戻してくれる。

アホウドリを追った日本人——一攫千金の夢と南洋進出……………平岡昭利著／岩波新書　'15

日本近代史の知られざる側面

広域日本地図を眺めると、尖閣諸島や竹島を含めて日本領とされる離島は数多く、太平洋はるかにまで広がっていることに、改めて驚く。最南端に沖ノ鳥島、最東端に南鳥島。こうした離島のおかげで、日本の排他的経済水域の広さは世界第六位なのだそうな。明治に至るまで鎖国していた日本なのに、太平洋の無人島をいつの間に領土にしたのだろう。

地理学者の視点からそんな疑問を抱き、また南大東島の調査では明治期の日本人がなぜ島の切り立った断崖をよじ登ってまで「開拓」を進めたのかと不思議に思った著者が、四〇年間にわたって資料を集め、聞き取り調査を行い、本書にまとめた答えが、「アホウドリ」だった。

いま、鳥島などで絶滅を防ごうと努力が続けられているアホウドリ。信天翁《しんてんおう》という別名が心地よい。昔は、島を埋め尽くすほどだった。人を恐れず、でかい図体《ずうたい》で簡単には飛び立てない。それでその名がついたアホウドリは、棒を持って歩きながら撲殺し、簡単に〝収穫〟できたという。これに目を付けた八丈島出身の玉置半右衛門が、一八八八(明治二一)年に東京府から島を借地し、鳥島に多数の人を送ってアホウドリ撲殺事業を開始。巨利を得て、約一〇年後には「信天翁《あほうどり》御殿」を建て長者番付に載る大実業家になった。当時、フランスを中心としたファッションの興隆で、アホウドリの羽、羽毛、剥製が飛ぶようにヨーロッパに売れたからである。アホウドリは金になる！

玉置に続けと乗り出して日本近海のアホウドリを捕りつくした鳥成金たちは、榎本武揚《たけあき》の「南進論」のもと、豊富な奨励金を得て西は尖閣諸島から東はハワイ諸島まで手を伸ばし、アホウドリを捕りまくった。その過程で、太平洋の無人島は「日本領」になっていった。世界のどの国の歴史を見ても、海外進出の最強の動機は「富」である。一六世紀に始まる欧州列強のアジア進出はいうまでもないし、一九世紀のアメリカではクジラ捕りが太平洋進出の大きな動機だった。さらに、肥料となる海鳥の糞《ふん》(グアノ)がターゲットになった。明治期の日本の「バード・ラッシュ」は、アメリカの「グアノ・ラッシュ」と太平洋でぶつかる局面になったという。

いっぽう、鳥捕獲事業者が募集して島に送りこんだ雇用人たちは、悲惨な環境にさらされた。無縁仏として島に葬られた人は数多い。ハワイ諸島で一九〇四年に起きた「リシアンスキー島事件」は、日本の事業者による意図的な雇用人置き去りだった。一九〇八年「ハームズ環礁事件」でも、ハワイ当局に日本人が救助されたという。日本人のたび重なる密漁、鳥の死骸が覆う島の惨状に、ハワイの反日感情が大いに悪化。鳥が絶滅する懸念もあり、アメリカは強硬策に転換して、ハワイ諸島の保護策を打ち出した。これが、現在の北西ハワイ諸島の「自然保護区」化につながった。

それにしても、明治期の日本が生物種の絶滅ということにほとんど関心を持たなかったことに、驚かされる。鳥島のアホウドリをほぼ絶滅させた玉置半右衛門は、「南洋開拓の模範」ともてはやされた。農業開拓と称して実態はアホウドリの撲殺事業、嘘で固めた報告書など、悪辣《あくらつ》との非難があったにもかかわらず。

そのころは、「生態系」の概念も「宇宙船地球号」の旗印もなかった。近年の人類社会における感覚の変化は、非常に大きなものがある。してみると現代に生きる私たちも、将来「信じられないような感覚だったんだね」と言われることがあるかもしれない。

近代化を急ぐ日本の歴史の一面に新たなスポットを当て、数々の驚くべきエピソードをちりばめた労作である。

星界の報告……ガリレオ・ガリレイ著、山田慶児、谷泰訳／岩波文庫 '76

不思議の国のトムキンス……ジョージ・ガモフ著、伏見康治、山崎純平訳／白揚社 '50

自然の面白さ、それを読み解く科学の面白さ

子供の頃、私が自然の面白さに目覚めるきっかけとなった本は、忘れられない。小学四年生頃だったが、偕成社の科学文庫シリーズ『自然界の驚異』を買ってもらった。一九五三年初版、Ａ5サイズの、子供心には分厚くて立派な本だった。著者は原田三夫（科学ジャーナリスト）。写真が豊富で、美しい洞窟や深い峡谷、断層、火山など世界中の自然を紹介したもので、自然の大きさ、造形と営みの不思議さに吸い込まれてしまった。次いで同シリーズの『天体と宇宙』も買ってもらい、夢中になって読んだ。著者は野尻抱影で、星にまつわるギリシャ・ローマ神話の紹介で知られる。この二冊は、中学生くらいまでぼろぼろになるほど読み返した。おかげで私は、宇宙・自然の営みに深い興味を持つ少年になった。自然の不思議と科学への関心を育ててくれた、ありがたい本だった。

ここで、子供ではなく大人の読者にぜひお薦めしたいのは、ガリレオ・ガリレイの『星界の報告』である。小冊子だが中身は濃い。しばらく品切れになっていたが、二〇〇九年の世界天文年に際して復刊された。

伝聞をもとに望遠鏡というものの手作りに挑んだガリレオは一六〇九年一一月、優れた望遠鏡を手に

勇躍して人類初の望遠鏡による宇宙の観測を始めた。その驚くべき結果をまとめ、早くも翌一六一〇年三月に出したのがこの本である。当時、学術書では普通だったラテン語でなく一般市民向けにイタリア語で出版したのも、ガリレオらしい。この本ほど大発見がたくさんつめ込まれた本は古今東西、他にあるまい。ガリレオの驚きと興奮と得意が、息づいている。

たとえば天の川は、当時は不思議な「天《てん》の川」だった。ガリレオは、天の川が無数のかすかな星の光の集まりであることを確認した。月はローマ教会が教えた水晶の球ではなく、山や谷が連なる、地球と同じような世界だった。木星は、まわりに四つも月を巡らせていた。夜空には、目で見えない数え切れない恒星が輝いていた。この本はたちまち大評判となり、ガリレオの名は大いに挙がった。歴史的にも意義の高い本だ。山田慶児の訳はやや古めかしいが、ガリレオの数々の大発見の感激が伝わってくる。

ガリレオは、最初の近代科学者とも呼ばれる。二つのレンズを組み合わせて遠くの物を近くに引き寄せて見せるという噂を聞き、考察と試作を重ねて、当時としてはたいへん性能のよい望遠鏡を自作した。だが彼が作った何百本という望遠鏡の中でも、天体観測に適した優れた望遠鏡は数本しかなかったそうだ。おそらく、天体観測こそがガリレオのめざしたものだったのだろう。彼はそれで宇宙を観測し、驚くべき発見をすぐさま科学的に解釈し、その結果をすばやく本に書いて、多くの人に知らせたのである。ガリレオ自身の見事な月のスケッチがいくつもちりばめられていて、楽しい。

もう一冊、『不思議の国のトムキンス』を挙げたい。著者のジョージ・ガモフはロシア系アメリカ人で、ビッグ・バン宇宙を予見したことなどで知られる著名な理論物理学者。大変ないたずら好きで数々の逸話を残したし、一般向けの講演でも大人気だった。

この本では、ごく普通の銀行員トムキンス氏が学術講演を聴きに行き、相対性理論の話を聞いているうちに眠り込んで、夢を見る。そして原子や量子の不思議の国に紛れ込んで冒険する話だ。一般相対性理論、宇宙の膨張をとても楽しく扱っている。私くらいの年代で読んだ方は多いだろうが、読み返してみるのもお勧めだ。相対論なんてなんだかねー、という人にも面白く読めるはずで、内容はやや旧くなっても本質は変わっていないから、若い人にも大いにお薦めしたい。ガモフのトムキンス・シリーズはこの他にも『量子の国のトムキンス』『生命の国のトムキンス』などがあり、どれも面白い。科学に関するエッセイでは寺田寅彦が有名だが、ガモフの本は物語としても楽しくできていて、誰しも知らずに物理や宇宙の世界に引き込まれる魅力がある。

子供は本来、自然や宇宙が大好きだ。「理科離れ」というが、じつはそんなことをいっているのは世界中で日本だけだということも知ってほしい。本当は、「理科離れ」しているのは日本の大人なのである。統計を取ると、小学生まで理科が大好きだった子供が、中学生・高校生になるにつれて理科嫌いになる。それは、記憶中心のせまい受験教育ばかりで、自然や科学の面白さを伝える教育がされていないからなのだ。大人もここに挙げたような本で、自然の面白さ、それを読み解く科学の面白さを改めて感じてもらえればと思う。

フンボルト——地球学の開祖……ダグラス・ボッティング著、西川治、前田伸人訳／東洋書林 '08

ナポレオンの時代に生きた普遍主義者

フンボルトといえば、いま絶滅に瀕するフンボルトペンギンが思い浮かぶかも。それとも南米西海岸を流れるフンボルト海流？

二〇〇九年は近代地理学の祖、アレクサンダー・フォン・フンボルトの没後一五〇年だった。だが四〇〇年前にはじめて望遠鏡で宇宙を観測し「世界天文年」が祝われたガリレオ・ガリレイや、『種の起源』から一五〇年のチャールズ・ダーウィンに比べ、日本でフンボルトを知る人は少ない。

彼は一九世紀前半のヨーロッパで科学者として比類ない尊敬を受け、後にドイツ政府は彼を記念してフンボルト財団を創設した。地磁気の分布を測定し、磁気嵐を発見し、地震研究の端緒を開き、等気温線など全地球的な科学概念を確立した。まこと、「地球学の開祖」というにふさわしい。

プロイセンの若きフンボルト男爵をヨーロッパの寵児《ちょうじ》にしたのは、一七九九年から五年間の南米・中米の科学探査だった。その成果は三〇巻の大作として刊行され、非常な賞賛を受けた。ダーウィンもフンボルトの影響で南米を志し、航海中に彼の本を精読して心から尊敬するようになったという。この南米旅行が、本書前半の圧巻である。

オリノコ河畔の野営地から、犬をさらってゆくジャガー。空が見えなくなるほどの蚊やブヨの大群が何種類も、時間とともに入れ替わっては襲う。豊かなはずの熱帯雨林では、意外な食糧難に遭遇する。さらにネグロ河とオリノコ河を結ぶ秘境・カシキアーレ水路へ。この間、同行のボンプランは新種の植物標本を大量に集め、フンボルトはたゆまず地磁気と気候を測定し、天文観測・地図作りを続ける。その熱意がまた、すごい。数多い美しい図版が、探検の雰囲気と未知の世界への憧れを見事に伝えている。

続いて彼らはコロンビアから、活発に活動・成長を続けるアンデス山脈を越え、ペルーのリマまで踏査した。世界最高峰と思われていたチンボラソ登山のエピソードも、面白い。火山地帯を踏破しながら観察を続け、火山活動による地層の生成と、地殻深部の破砕による地震の発生を確信する。地震波の伝《でん》播《ぱ》を観察して、地震学の開祖ともなった。

メキシコとアメリカを回って帰還した後の華々しい活動と著作、政治的葛藤、六〇歳の時のユーラシア探検などが、本書の後半である。自立を尊ぶフンボルトは探検費用も膨大な出版の経費も自費で賄い、財産を使い果たしたという。

伝記の楽しみの一つは、当人が生きた時代を味わうことだ。フンボルトは、フランス革命、ナポレオン戦争とその後の反動、南米諸国の独立、という激動の時代を生きたのである。終生自由主義者・人道主義者だったが、その姿勢は反動時代のプロイセンにあって、多くの苦難を招いた。それでも彼の豪華な交友は続いた。ゲーテ、ガウス、キュヴィエ、アラゴなど学者賢人はもとより、アメリカ大統領ジェファーソンやロシア皇帝までいる。ゲーテに受けた深い影響は、特に興味深い。自然は一つの全体であり人間はその一部だという、普遍主義がそれだ。「科学的知識は国家の富・天然資源であり、適切に開発・採掘されなければ国家は停滞し、衰退に向かうだろう」。これ、科学の貧困化が進むいまの日本で、大声で読み上げたい。彼は宇宙・地球・人間の統一的理解にこだわり、科学の講演に力を入れ、大著『コスモス』を書いた。

時代にゆさぶられながらも、科学こそが新時代を作るという信念に殉じた、一九世紀の際立った知識人。著者は探検家、訳者は地理学の泰斗でフンボルト研究もある南米研究者だ。巻末の訳者の解説もよい。引き込まれて読み、感動とともに読み終える重厚な伝記である。

科学の発見……スティーヴン・ワインバーグ著、赤根洋子訳／文藝春秋 '16

「近代科学」の意義を明確に主張する

科学という人間の営みは、いまや巨大だ。技術的応用も含めて私たちの日常を覆い、良かれ悪《あ》しかれ人類の将来も規定する。だからこそ、科学の手法や科学の考え方とはどういうものか、それを人類はどうやって手にしたのかを理解することは、私たち現代人にとって大事だろう。

それを探る科学史の探究は数多いが、ここに明確な見通しと主張を持った一冊が加わった。

本書は、アメリカのノーベル賞量子物理学者が、古代から一六～一七世紀の科学革命までの道のりを、「近代科学の発見」をキーワードにあぶり出したものである。何が「発見」されたのか、「発見」はなぜ困難だったのかなどを現代の視点から追求する、確信犯的にオーソドックスな科学史だ。ギリシャの自然哲学からイスラーム科学、中世ヨーロッパを経てガリレオ、ニュートンによる「近代科学」の成立へとまっしぐらに進む。それと対照的に、一九〜二〇世紀に誕生した「現代科学」にはほとんど触れない。

では、この本のどこが新しいのか。著者が強調する主旨を、以下二つにまとめてみる。

第一。科学は世界を説明しようとする旧い営みだが、科学が本当に「世界を説明できる」手段となったのは、科学革命、すなわち一六〜一七世紀の近代科学の手法の発見によってであり、現代の科学もこれを受け継いでいるのだ、ということ。

ワインバーグは、近代科学が確立した手法は「世界を説明する」ためのおそらく唯一と言ってよい手段であり、その基盤は強固かつ有効なものだと断固主張する。それは、S・シェイピンら構築主義科学史家の、科学革命は無かった、科学の成果も不確実なものだ、としてすべてを相対化してしまう主張への、強力な反論でもある。構築主義科学論と科学者との対立は米欧では非常に激しく、二〇世紀末に「サイエンス・ウォーズ」と呼ばれる論争も生んだ(一七〇ページ参照)。だが日本では、構築主義科学論にはあまりお目にかからなかった。日本でそうした科学論争すらほとんどなかったのは、ちょっと残念でもある。

第二。近代科学は、「数学からの脱却」と、科学の原理とは仮説にすぎないという「科学の不確実性の認識を発見すること」で、はじめて成り立った。これ、どちらも逆説ではない。「純粋数学に代表される理性こそ、真実を見る。自然は崇高な目的の実現に進むのだ」という理性優先・目的論を信奉したギリシャの自然哲学の流れでは、実験や測定などの実証の試みはほとんどなかった。西欧での近代科学革命に至ってようやく観測や実験によって自然から謙虚に学ぶことを知り、伝統的な数学信仰から脱却したのである。ケプラーによる「円運動」の放棄も、そうした一環ととらえてよいだろう。それまでは、円こそ完全な形であり天体はすべて円運動をするはずだと信じ込んでいた。自然を素直に見ることを学ぶまで、人類は長い苦闘を強いられたと、著者はいう。卓見である。

理性優先のこだわりを捨て去ると、自然の謙虚な観察、測定や実験による法則の発見、仮説の検証・積み重ねへと、科学には全く新しい豊かな筋道が見えてきた。

お分かりのように、本書の中心課題は邦訳のタイトル「科学の発見」ではない。原著の副タイトルが明示する、「近代科学の発見」である。"modern science"は、著者の明確な意図どおり「近代科学」と正しく訳されるべきであった。

なお本書のカバーに、「化学、生物学などは二等の科学」とあって、驚いた。一体、誰の言葉なのか。出版社の売らんかなの宣伝文ではあろうが、原著者を侮辱し、科学そのものもゆがめる行き過ぎである。

重ねていうが本書は、「近代科学」を真正面から問うた新鮮な力作だ。イスラーム科学に割かれた第九章や科学史的課題の丁寧な演習「テクニカルノート」も含め、大学や高校で科学史・一般科学を教える研究者・先生方には特に、非常に有用と思う。

「科学者の楽園」をつくった男——大河内正敏と理化学研究所 …………宮田親平著／河出文庫 '14

ドラマチックな日本科学の創成史

実をいうと以前、STAP細胞をはじめいろいろと話題になった理化学研究所への関心から、本書の前身である日経ビジネス人文庫版を手に取ってみたのである。ところがこれ、明治から終戦の日本近代科学創成史そのもので、STAP細胞騒ぎなどすっ飛ぶとんでもなく面白い本だった。河出文庫版が出たので、これ幸いと取り上げる次第である。

出だしからして、ロンドンの夏目漱石だ。前半の主な役者は、漱石に「本格的学問」を考えさせた化学者の池田菊苗、日本経済創設の立役者の渋沢栄一、消化酵素アミラーゼを抽出してタカジアスターゼとして商品化した高峰譲吉、日本初の国際的物理学者の長岡半太郎、ビタミンの発見で知られる鈴木梅太郎、鉄鋼の神様本多光太郎、随筆でも有名な寺田寅彦など。そして全編の主人公が、理研を興隆に導いた工学者、大河内正敏である。日本科学の創成期を彩った傑物たちの逸話だけでも楽しい。

明治維新から半世紀近くを経た一九一六年、政府が援助する財団法人・理化学研究所が発足した。渋沢栄一の強力な支援は、記憶されるべきだろう。米国やドイツで大規模な科学研究所が次々設置されるのを見た高峰譲吉が「日本は何時《いつ》までも外国の模倣ではいけない、まず基礎研究を進める国民科学研究所を」と説いたのに、深く賛同した。当時大学の整備は進んでいたものの、研究は教育の「従」とされた。学閥の弊害も大きかった。理化学研究所は、応用も念頭におきつつ基礎研究を進めるという高い理想を掲げた、日本最初の科学研究所だったのだ。だが政府の支援も民間の寄付も少なく、経営は行き詰まった。ここで、主役の登場となる。

理研第三代所長・大河内正敏は、人物の幅が広く精力的だった。池田菊苗の化学部と長岡半太郎の物理部がもめていた理研に「主任研究員制度」を敷いて、一気に対立をなくしてしまう。「部」を撤廃してしまったのだから、内輪もめのしようがない。主任が人員・予算を裁量する研究室だけを置き、研究者は対等で何を研究してもよい、研究費は心配するなというのだから、確かに研究者の楽園だ。そしてこれが、大変な効果を発揮するのである。闊達《かったつ》な議論が交わされ、異なる研究室間でも互いに応援にゆく。理研の助手に採用されてその自由さに驚き感激した朝永振一郎（素粒子物理学者、のちにノーベル賞を受賞）は、義務や制限のないことが研究者の意欲を刺激し成果が生まれるのだと書いている。この雰囲気は尊ばれて大学へも波及し、多くの人材を生んだ。

財政難は、どうなったか。大河内は会社を興《おこ》し理研が生む発明で収入を得る道に突き進んで、成功を収める。有名な理研ビタミン、理研酒から、アルマイト、理研感光紙、ピストンリングなど理研が送り出した発明や工業化の数々は、社会にも大きな影響を及ぼした。第二次世界大戦前夜には六三社・一二一工場を持つ、まさに「理研コンツェルン」となる。大河内はそのほとんどの代表で、ワンマン経営で研究所の経費を稼いだ。超人的な活動。だが当然、破綻する。それは戦争への突入による軍事研究・軍需生産の拠点化、戦後のＧＨＱによる解体という形で、終末を迎えた。まことにドラマチックな物語である。

ジャーナリストの著者は最終章で、理研が残したもの、近代日本の科学と研究を振り返っている。波瀾万丈の歴史を踏まえているだけに示唆含蓄に富み、出色の科学社会論である。夏目漱石が講演「現代日本の開化」でつとに喝破したように、欧米からなだれ込んだ「他発性」の近代文明を消化し追いつこうと、息せき切ってきた日本。ごく一部ではあるが世界に伍《ご》しもした日本。科学の世界でも起こったその現実を、本書は理化学研究所という壮大な「実験」を通して鮮やかに活写した。

その後、国立研究機関として復活した理化学研究所は、いまは政府主導のトップダウン型大型プロジェクトで研究者に成果を迫る巨大研究所となり、組織としても研究者のモラルでも疲弊しているかに見える。果たして本来の研究の理想に立ち戻ることができるだろうか。

新版 寺田寅彦全集（全三〇巻）……………寺田寅彦著、樋口敬二、太田文平編集／岩波書店 '98〜'11

科学者・寺田寅彦の魅力

夏目漱石の第一弟子で『吾輩は猫である』の寒月君のモデル、多分野で活躍した物理学者、科学を中心とした大いなる随筆家《エッセイスト》と、多面的な顔を持つ寺田寅彦。その著作は繰り返し刊行されてきたが、全集も一九三六年の『寺田寅彦全集 文学篇』全一六巻および『科学篇』全六巻を最初として、何度も増補・改訂・再刊されている。本全集は、「現代の読者の便宜に供すべく漢字・仮名遣いを現代表記に改め」るなどした、一九九六〜九九年刊行の全三〇巻である。日記や膨大な書簡を含めて、専門的な論文以外をほぼすべて網羅している。二〇〇九年に第二刷が出た。

かくも長くかくも繰り返し読まれる科学者は、日本では寅彦以外にない。その魅力の源泉はもちろん先に挙げた多面性にあって、なかでも寅彦の随筆の愛好者は非常に多い。

ただ、寅彦の科学者としての面については、必ずしも十分な評価がなされてこなかった気がする。「道楽科学者」といった批評さえあるが、果たしてそうか。『全集』紹介の場を借りて、科学者・寅彦の魅力について少々述べてみたいと思う。

俳人の坪内稔典氏は、本全集第一一巻の解説で、寅彦を「小型の漱石」と評した。曰く、寅彦は漱石ほどの役割を果たせなかった。だがそれを当人が楽しそうに演じ、また漱石も楽しそうにその相手をしているると。もちろん俳句に限った話だが、ずばりそのとおりと思う。

随筆でも、寅彦の文章は漱石流だ。実に小気味よく、ついいくらでも読まされてしまう魅力がある。しかし、ここでは寅彦はもはや「小型漱石」ではない。科学の世界にずっしり根を張り、日本では例を見ない広範な科学の考察を繰り出してくる。その発想の広さ多彩さには何度読んでも驚くが、それでいて科学の基礎がおろそかになることも決してない。寅彦のこの世界が漱石との幸福な出会いから開けたものであることは間違いないが、その出会いは漱石にとっても幸福だったとは、多くの論者も述べているとおりだ。医学者であった森鷗外、寅彦と出会った漱石。日本の近代文学が出発点でこのような科学との接点を持っていたことは、記憶されるべきだろう。

客観のコーヒー主観の新酒哉

稔典氏が、「小型漱石」の面目として挙げた句である。この句は、西洋と日本の科学を批判的に比べたのかもしれない。科学者・寅彦の苦い思いが隠されているのではないかとは、私の考え過ぎか。

科学者としての寅彦については、優れた物理学者ではあるが何でも突っついたディレッタントで、じっくりした大仕事をしていないという評がなされることがある。だがそれは、器の小さな批評ではないだろうか。まず、寅彦の初期の仕事、X線による結晶構造解析の研究について見てみよう。

寅彦は一九〇九年にドイツに留学し、一九一一年に帰国した。翌一九一二年、ドイツのマックス・フォン・ラウエが、謎の放射線だったX線が電磁波(光や電波と同じ電磁場の振動)の一種だということを証明した。X線を結晶に当てると、等間隔で並んだたくさんの原子で反射されるX線どうしが互いに干渉を起こし、写真乾板上に特有のパターンとなって感光することを示したのである。干渉は波の山と山、谷と谷が重なると大きな波になる現象だから、X線が波でなければ起きるはずはない。そこから、X線が電磁波の一種だというだけでなく、その波長が非常に短く、規則的に並んで結晶を作る原子の間隔(一億分の一センチメートル程度)に近いことが分かった。ちなみにX線は一八九五年にドイツのヴィルヘルム・レントゲンが発見した人体も透過する放射線で、当時の医学に革命を起こした。レントゲンはこの発見で一九〇一年に第一回のノーベル賞を受けたが、X線の正体そのものは、不明だったのだ。

ラウエの発見に対して、日本でただ一人、寅彦が反応する。それなら、結晶にX線を当ててその回折パターンを数学的に解析することで、逆に結晶の原子の配列を読み取り、結晶の構造を解明できるはずだと。そこで貧弱な実験道具をやりくりし、結晶の原子配列面によるX線の回折でラウエのパターンを説明することに成功して、早くも翌一九一三年四月から五月に、イギリスの一流学術雑誌『ネイチャー』に速報二編を発表した。同時に日本の学会にも、英文詳細報告を提出した。ところが同じころイギリスのローレンス・ブラッグがほぼ同様の結論を得て、論文は一九一二年一一月に学会で発表、一三年一月に印刷された。ローレンスの父ヘンリー・ブラッグも加わって、干渉パターンを測定する便利な装置を考案している。ブラッグの論文は、寅彦より三カ月早かっただけである。だが寅彦はこのことを知って、学会の発表ではブラッグの先行研究があると注を加えざるを得なかった。どんなにか無念だっただろう。ラウエは一九一四年、ブラッグ父子は一九一五年に、この功績でノーベル賞を受賞した。寅彦の弟子で氷雪学で有名な中谷宇吉郎は『寺田寅彦の追想』(甲文社)で、東京大学における寅彦の研究環境が恵まれなかったことに触れながら、「(寅彦の研究は)ブラッグの研究と殆ど同時に、むしろ少し先んじて為された研究であった。その研究のごときも、医学部で使い古した廃品に近い状態のX線管球を貰って来て実験をされたのであった」と書いている。

もちろん一人のノーベル賞受賞者の陰には、何人も、あるいは何十人もの「ノーベル賞を逃した科学者」がいるのが常である。独創と先取権を尊ぶ科学とはそうしたものだが、寅彦の研究はブラッグ父子と同等で、回折パターンの独自の可視化法も開発している。現在なら独立研究として同時受賞の可能性も十分にあったと言えよう。この研究で一九一七年に学士院恩賜賞を受けたのは、せめてものことだった。漱石はその半年ほど前に他界していたが、生きていれば愛弟子のこの受賞をきっと喜んだだろう。「博士の研究の多くは針の先きで井戸を掘るような仕事」と軽蔑した漱石だが、寅彦の理学博士取得の際には、大いに祝意を表している。理学系はまた別との思いもあったかもしれない。

ところで寅彦の博士論文は、「尺八の音響学的研究」である。X線の結晶構造解析と何の関係があるかといえば、大ありと私は思う。どちらも「波」とその干渉を扱うからだ。尺八の音は空気の振動＝音波によるものだが、管の中でその長さや穴の位置によりさまざまな波長の振動を生じ、それらの波が重なり干渉し合って、あの独特な音色が出る。音波と電磁波では違うとお思いかもしれないが、波は波。数学的な取り扱いは同じなのである。寅彦は、これならすぐやれると踏んだに違いない。事実、彼は非常に短期間でX線の干渉波の解析法を案出している。

寅彦はこの後、X線の研究を続けなかった。留学経験もある寅彦が、日本の大学の研究環境では同じテーマでヨーロッパとまともに張り合っても勝ち目がないと考えただろうとは、十分に想像できる。その後の寅彦の研究における一貫した姿勢は、欧米の真似をせず、人が考えていないこと・独創的なことをやれということである。実験設備など研究環境に恵まれない当時の日本の科学が世界に対抗するには、それしかないとの思いも強かっただろう。

寅彦の東大時代は幸福でなかったと、中谷宇吉郎は書いている(同前)。「不愉快な」東大をやめたさに、数学を教えるのでもよいからと法政大学に就職活動をしたことさえある。吐血で余儀なくされた休養から回復し研究を再開した、一九二四年ころのことらしい。そこへ理化学研究所から誘いがあり、そこで研究を続けることになった。驚いた東大総長らが引き止めたので、学部からは離れたが東大は辞めず、付属の地震研究所にも研究室を持った。なお一九二四年は、海軍の飛行船爆発事件の解明に関わり、原因究明を渋る海軍(いつの世も変わらないものだ)に対し、無電による放電が水素爆発を起こしたことを実験で証明するという力技をやってのけた年でもある。寅彦は理化学研究所、地震研究所、航空研究所に研究拠点を持ち、よい弟子をたくさん育てて、「先生が恐らく理想とされた研究の生活が始まった」(中谷、同前)。物理学を基礎に気象学や地球科学の独想的な論文を量産し、晩年まで活発な研究を続けた。

ウェーゲナーが発表した「大陸移動説」を日本に紹介したのも寅彦である。当時ヨーロッパでもこの〝奇想天外〟な説を冷笑・無視する研究者が多かった。しかし寅彦はウェーゲナーを支持し、日本列島が同様なメカニズムで大陸から分離したという研究などを発表している。いま全盛のプレート・テクトニクス、それに基づく日本列島形成論の大きな先駆けをなしたのである。

ちなみに寅彦は理論も得意だったが、骨の髄まで実験家である。随筆に統計について書くところが非常に多いのは、その表れだ。統計は実験的実証でありデータである。「おりおりに伊吹を見ては冬ごもり」の芭蕉の句から、中央気象台に問い合わせて伊吹山が雲に隠れて見えない日の統計を取ったりもしている。

寅彦の随筆を見るに、彼の科学観にはいつも「人間」がより添っている。科学と文学・芸術・人間の接点について真剣に考えていたことは、「科学と文学」「科学者と芸術家」(いずれも本全集第五巻)など随所で見られる。「化物《ばけもの》の進化」(同第二巻)では、「昔の化物は昔の人にはちゃんとした事実であったのである」という。雷現象を引いているのは、実にうまいたとえである。自然は化け物と同じく、解いても解いても際限なく謎と不思議が現れてくる。宇宙は永久に怪異に満ちている。科学教育はそうした「自然の不思議への憧憬を吹き込む事が第一義」で、「法律の条文を暗記させるように」教えるべきものではない。いや、全く同感。

「相対性原理側面観」(同第五巻)は、アインシュタインの来日(一九二二年一一～一二月)の折に書かれた。アインシュタインが日本中に引き起こした熱狂は驚くべき社会現象だった(次項)が、そのことには触れず、科学の法則とはどういうものかについて書いている。空間が曲がる、などという一般相対性理論の不思議さ、ニュートンの力学がアインシュタインによって否定されたなどの報道の氾濫《はんらん》が、その背景にあっただろう。曰く、相対性理論が難しい、理解できないというが、そもそも理解とは一体、どういうことだろう。何をもって、理解というのか。これが、寅彦一流の本質論だ。突き詰めれば、ニュートンも自分が発見した力学の法則を本当には理解していなかったということになるのではないか。アインシユタインもまた、然り。そもそも不完全であることは、人間が構成した学説に共通する本質で、「完全でない事をもって学説の創設者を責めるのは、完全でない事をもって人間に生まれたことを人間に責めるに等しい」と、漱石流が次々と展開する。科学に絶対あるいは究極の法則はあり得ないというのは、寅彦の変わらない信念だった（これは私の信念でもある）。「無終無限の道程をたどりゆく旅人として見た時にプトレミーもコペルニクスもガリレーもニュートンもいまのアインシュタインも結局はただ同じ旅人の異なる時の姿として目に映る」。雑誌『改造』に書かれたものだが、当時にあって実に優れた科学論になっている。

小山慶太氏は『漱石とあたたかな科学』（講談社学術文庫'98）で、「ただの漱石なにがしで暮らしたい」と博士号授与を蹴った漱石と、「私は最後までただのマイケル・ファラデーでありたい」と、名誉あるイギリス王立協会会長への就任を断ったファラデーを重ねた。寅彦も、大実験家ファラデーを意識していなかっただろうか。ファラデーは自身所長を務めた王立研究所で、定期的に子供や社会人を招いて連続講演を行った。それはいまでもクリスマス・レクチャーとして生きている。一般読者向けの科学雑誌『科学』（岩波書店）の創刊に深くかかわった寺田寅彦も、健康と状況が許せば、随筆を超えて科学と社会との交流に乗り出したかもしれないと、そんなことも空想してみるのである。

アインシュタイン日本で相対論を語る

アルバート・アインシュタイン著、杉元賢治編訳／講談社 '01

ミスター・ノーベル賞が見た在りし日の日本

このごろ日本は元気がないといわれるが、そうでもないぞと思えることもある。芸術やスポーツには活気がある。落ち目といわれる科学でも、天文学などは大いに気を吐いている。スペースでは月探査機「かぐや」が月の科学を一新し、太陽観測衛星「ひので」は太陽物理学に新時代を画した。「はやぶさ2号」が小惑星「りゅうぐう」への着陸と史上初めてのサンプルリターンに挑んでいる。広くクローン・再生医療でのリードから、ハワイのすばる望遠鏡、チリのアルマ望遠鏡の活躍まで、日本発の科学の話題には事欠かない。二〇〇八年には小林誠、益川敏英、下村脩の日本人三氏のノーベル賞受賞が話題をさらったが、つづいて二〇一〇年は根岸英一・鈴木章両氏のノーベル化学賞、二〇一二年はiPS細胞の山中伸弥氏、二〇一四年はダイオードの研究で赤崎勇・天野浩の両氏、二〇一五年は線虫による感染症研究の大村智氏とニュートリノ研究の梶田隆章氏、二〇一六年はオートファジー研究で大隅良典氏と、この一〇年で実に一一人のノーベル賞受賞者が出たことは、やはりめでたい。

ノーベル賞といえば、ミスター・ノーベル賞みたいな人、かのアルベルト・アインシュタインは一九二二年、日本を四〇日あまり訪問して全国で熱狂的な歓迎を受けた。本書はその日本訪問をアインシュタイン自身が綴った日記である。実はこれ、世界でもこの日記の初公刊という貴重なものだった。直筆の日記の全コピーも入った大型本で、めずらしい写真が豊富にちりばめられている。

「申し分のないドイツ語で」歓迎の辞を述べた学生のこと。全国を回る旅と講演。女学生にもみくちゃにされそうになったこと。美しい日本の庭園や歌舞伎やもてなしに、アインシュタインは驚くとともに、日本の文化に尊敬の念も抱く。歓迎の過熱ぶり、アインシュタインの一挙手一投足を報じる新聞記事、随行した岡本一平の軽妙なマンガなど、べらぼうに楽しい本である。日本人研究者のノーベル賞受賞騒ぎで思い出してこの本を引っ張り出したら、またも読みふけってしまった。アインシュタインが強い関心を持って日本を訪れ、感銘とともに日本を離れたことが分かる。相対論と聞くと頭が痛くなる向きにも、お勧めだ。当時の日本人と日本社会、そして科学への関心が具体的にわかることも、この本の面白さである。

いうまでもなくノーベル賞がすべてではないし、受賞者の研究のほとんどは何十年も昔の若いころのもの。トップダウン志向が強まり若手研究者に厳しいいまの日本の科学の状況から、ノーベル賞の先行きを心配する声が強いのも無理はない。科学を産業界の金儲け・景気浮揚の手段としか見ない風潮が、いまの日本には強すぎるからだ。大学を産業に動員する政策を強硬に進めれば、ノーベル賞を生み出す研究の芽も、将来を築く若手研究者も枯れてしまう。そういう日本は、アインシュタインが尊敬の念を抱きまたアインシュタインを尊敬した日本とは、違うものだろう。

カルチャロミクス——文化をビッグデータで計測する

エレツ・エイデン、ジャン＝バティースト・ミシェル著、阪本芳久訳／草思社 '16

人文資料のデジタル化、いまが好機

インターネットで、「Google Ngram Viewer（グーグル・Nグラム・ビューワー）」のページを開く。IDもパスワードも要らない。記入欄に、（関心に応じて何でもよいが）試みに、Japan、China、Koreaと書き込んでみよう。「検索（search）」ボタンを押す。西暦一八〇〇年から二〇〇〇年ころまでを横軸に、三つの国の折れ線グラフがさっと出る。この間に出版された八〇〇万冊の本の中の、三つの国名の出現数の変化のグラフである。つまりこの図は、二〇世紀までの二〇〇年間の英語圏における、日本、中国、韓国への関心の推移をほぼ示すのだ。中国のはるか下にあった日本の名が明治維新の頃から上昇を始め、ようやく一九八〇年代に追いつく様子が分かる。日露戦争、第一次、第二次両大戦と、戦争ごとに日本と中国の出現数は跳ね上がっては下がる。英語圏の著作者たちの「極東」への関心のありようが、推測されよう。韓国は朝鮮戦争で上昇をはじめ、最近は日本・中国の三分の一くらいだ。

世界的な科学者たち、漱石など日本の著名作家、環境、などなど。書き込むとさっとオリジナル・グラフが出る快感に、あれこれグラフを書かせていると病みつきになること必定だ。この「Nグラム・ビューワー」は、二〇一〇年にグーグルが公開するや、二四時間で三〇〇万ヒットした。世界で大人気だが、簡体字中国語など八カ国語で用意されているものの、日本語版がないのが残念。

本書は、二人の若手人文学研究者による「Nグラム・ビューワー」の開発物語である。それと同時に、「全書籍のデジタル化計画(グーグル・ブックス)」のデータによる、「計測可能な人文科学研究」を宣言する本なのだ。その研究分野を彼らは、「カルチャロミクス」と名付けた。

彼らはハーバードの大学院生で、当初の研究目的は言語の進化論だった。不規則に時制が変化する不規則動詞の歴史的な変化を追ううち、彼らは整備が進行中だった「グーグル・ブックス」のデジタル・データを使えないかと思いつく。数百年に及ぶ膨大な書籍データの言語検索で生まれる、計測できる文化研究！　思いがけない可能性の展開、大成功の興奮、ビッグデータ使用の困難。それらが、「Nグラム・ビューワー」の多彩な応用例をおりまぜて展開される。世界的「名声」はどのように高まり、消えてゆくのか。大きな発明は、何年で世界に広まるのか。注意深く扱うと、文化面での大きな法則性が確かに見えてくる。それは、自然現象にも通じる法則性だ。

「弾圧」の効果のグラフには、息をのむ。ナチス政権下、「ドイツ民族精神」の名による現代絵画への弾圧は、ドイツの書籍からシャガールなど現代芸術作家の名前をきれいに消し去った。スターリンによる粛清、米議会の非米活動委員会の映画人ブラックリストの効果も、「Nグラム・ビューワー」ではっきりあぶり出される。中国文献に見る「天安門」という語の消滅は、当局による言論弾圧の完璧な効果を示して、不気味でさえある。

書籍だけでなく、多様な歴史資料のデジタル化は人文科学に前例のない機会を与えると、著者は説く。「人文科学の分野でビッグサイエンス流の研究に乗り出すならいまなのだ」とも。

なるほどそうだなあと思う。いま日本でも、規模はグーグルに及ばないが三〇万点の日本語典籍のデジタル化を、国家的「大型プロジェクト」の一環として進めている（国文学研究資料館「新日本古典籍総合データベース」）。ビッグデータの使用にはまだ問題点や障害は多いが、「Nグラム・ビューワー」をきっかけに、人文科学の新時代が期待される。

読みだしたら止まらない、刺激的な本。巻末に、関連研究の解説もある。

II

どこから来てどこへ行くのか

——生命、進化、そしてヒト

生物はなぜ誕生したのか——生命の起源と進化の最新科学

ピーター・ウォード、ジョゼフ・カーシュヴィンク著、梶山あゆみ訳／河出書房新社 '16

姿をあらわす地球大変動、大絶滅、大進化

イギリスの古生物学者リチャード・フォーティが地球生物進化の壮大な通史『生命40億年全史』を書いたのは、一九九七年だった。二〇〇三年の邦訳(渡辺政隆、草思社)を私も前著『世界を知る101冊』で取り上げたが、深い経験と広い視野、軽妙な語り口を武器に地球生物の初の通史に挑んだベストセラーだった。

二〇年後、アメリカで活躍する二人の地球科学者が本書を書いた。タイトルは、「新しい」をキーワードにしたという(原題はA New History of Life)。むろん、フォーティを強く意識したからだ。つまり本書は、地球生命の誕生についての本ではない。副題が示すように、生命進化史の最近の発展を提示する新たな通史として書かれたものである。

この二〇年の間の大きな発展の一つは、生物大絶滅の理解が進んだことだろう。地球は何度も環境の激変を経験し、生物もたび重なる大絶滅に見舞われた。それらの出来事が、化石や地球史の新資料の発見、年代測定の高精度化などで結びついてきたのである。「生命の歴史が最も強い影響を受けてきたのは環境の激変」だと、著者たちは断言する。

生物大絶滅は五回と数えられるが、それは生物が大型化したカンブリア紀以後の化石記録から判明し

たものだけについてである。つまり、最近六億年弱の間に起きた絶滅でしかない。その前の三〇億年以上の間、地球の生物は肉眼では見えない単細胞生物だった。二四億年前と七億年前に起きた全球凍結(スノーボール・アース)の時には全海面が厚さ一キロも凍ったから、太陽光を遮られた海の光合成微生物は、ほとんどが死滅するしかなかった。つまり目に見える化石には残らなかった大絶滅も、何回もあったということである。

大絶滅は新しい広大なニッチを生み出し、地球生物全体で見れば進化の原動力になったことは、すでにはっきりしている。しかし肝心の大絶滅の原因追究は、なかなか困難だったのである。いまや、その理解も進んできた。著者の一人ウォードは、酸素濃度の変動が大絶滅の大きな要因だったとの論陣を張ってきた研究者だ。大気中の酸素は、生物が光合成で生み出す。かたやカーシュヴィンクは、「全球凍結事件」の発見者である。大絶滅を語るには最強の組み合わせだ。当然、本書では各時期の変動や絶滅、その後の進化についてページが割かれる。そうした中で、過去の大変動とそれに伴う生物進化の飛躍がはっきり見えてくるのが読みどころだ。

論より証拠。全球凍結と地球大気の酸素濃度変動との深～い関係を見てみよう。

二四億年前の全球凍結の直前、酸素濃度が急上昇した。海中で大繁栄した光合成生物・シアノバクテリアのしわざである。それとともに二酸化炭素濃度は急低下し、温室効果が劣えたことによる寒冷化が、全球凍結への引き金を引いた。つまり全球凍結という地球史上の大事件は、生物が起こしたことになる。

一億年も続いた全球凍結が終わると、シアノバクテリアの絶滅で低下していた酸素濃度がまた急上昇した。というのは、世界中が温かくなって氷河が岩を削り、大規模な浸食で微生物の栄養となる大量の塩類が海に流入。そこで、暖かい火山地帯などで生き残っていた微生物が大繁殖したからである。光合成で跳ね上がった酸素濃度は、生物の進化に拍車をかけた。その結果として二四億年前の全球凍結後に登場したのが、酸素を消費する大型の真核細胞生物である。しっかりした細胞骨格や細胞膜を持ち多彩な分業も可能な真核生物によってはじめて、大型の多細胞生物の構築が可能になるのだ。

ただしそれには、さらに十数億年の時間がかかった。七億年前にも全球凍結が起こり、その後また酸素濃度が上って、眼も口もわからないペラペラの多細胞生物・エディアカラ生物群が世界中にはびこった。続いて、動物の祖先系が一斉に現れる、いわゆるカンブリアの進化爆発が起きた。

大した説得力である。恐竜についても、「酸素」をキーワードとした議論が強力だ。もちろん中には原因不明の大絶滅もある。勇敢な推論も、時にあやふやになる。だが著者たちが「新しい解釈を提示することに力を注いだ」というように、科学ではあやふやさこそ今後の解明への一里塚になるのだ。そんなところも、この本の魅力だろう。

ならべてくらべる　動物進化図鑑

川崎悟司著／ブックマン社 '12

みんな、長い時間を重ねてきた進化の結果だ

図鑑は、珍奇な生物や美しい鉱物の絵を眺めているだけで楽しい。でも考えてみると、そこに時間は流れていない。時間を感じさせる図鑑というものに、今度初めて出会った気がする。

現代の多種多様な動物たちとはるか昔に生きていたそのご先祖たちとが、見開きページごとに並んでいる。カエルは、どんなご先祖からどう変わったのか。昆虫のご先祖の足は、何本だったか。子供向けの図鑑だが、絵と解説は大人にも楽しい。現役もご先祖さまも等しく活き活きと描かれて、子供にも進化による生物の大きな変化が感じとれそうだ。何千万年も昔の動物たちをリアルに描けるのは古生物画家として知られる著者の力量もあろうが、遺伝子分析など化石研究の進歩が大きくモノを言っている。何しろ、恐竜の皮膚の色まで推定できる時代だ。

ワニのご先祖は、さすがにすごいのがそろっている。でももっと昔、三億年近く前は、スラリとした足で地上を軽快に走っていたのだそうな。恐竜は主役ではなく、現代の鳥のご先祖様として登場する。私たちが見ている動物たちはみんな、長い時間の中で積み重ねてきた進化の結果として、いま地球で生きているんだ。ページをめくりながら、そう感じる本である。

毒々生物の奇妙な進化

クリスティー・ウィルコックス著、垂水雄二訳／文藝春秋　'17

厳しい生存競争の結果に敬意を

毒に魅入られる人は多いそうだ。むろん毒で人を害しようというのでなく、「毒」そのものに惹《ひ》かれる。信じられないほど多様な有毒生物とともにこの本に登場するのは、そういう人たちだ。毒蛇や毒クラゲで死ぬほどの目にあい、それで有毒生物の研究にのめり込んだ研究者から、コブラに咬《か》ませて得られるハイな桃源郷気分を求める人まで。

ハワイ大学の研究員として有毒生物を専攻する著者は有毒生物を求めて世界を飛びまわり、サイエンス・ライターとしても活躍している。やはり、何度も激痛を味わった。各章は、それぞれ違う有毒生物による、気が狂いそうになるほどの「イタイ」話から始まる。毒に魅せられた人々との出会いに若々しさがあふれ、面白がっているうちに驚きの生態から毒素の不思議へ、その進化へ、そして革命的な創薬の可能性へと誘導されてしまう。

毒を持つ生物が分類学的に実に広く分布しているのは、驚きだ。彼らがいかに成功しているかということでもある。

サソリ・ムカデ・クモなど毒を持つ節足動物は多いが、アリもハチも、小さな蚊だって立派に毒を持っている。爬虫類《はちゅう》ではヘビ、トカゲの類い。海ではクラゲ、イソギンチャクなど腔腸《こうちょう》動物、魚ではオコゼやエイ、各種の貝やタコなど軟体動物。両生類ではヤドクガエルなど。哺乳類にもプラリナトガリネズミなどがいるし、単孔類のカモノハシも、大きな蹴爪《けづめ》から毒を注入するそうだ。

生物毒は、用途としては攻撃用の毒と防御用の毒とに分かれるというのは、納得である。毒素の働きで見ると、血液系に働く毒と、神経系に作用する毒とに大別される。例えば蚊は、血が固まるのを防ぐ毒素を出して、血を堪能する。いっぽうエメラルドゴキブリバチはゴキブリの脳に神経毒を注入して、感覚のスイッチを切り替える。産み付けられた幼生に生きながら食べ尽くされるまで、ゴキブリを「幸福に」過ごさせるという。また防御用では、食べられる前に素早くダメージを与えられる神経系の毒素が多い。神経は伝達が速いからである。

このあたりから、それぞれの生物がどんな毒をどうして持つに至ったかという、進化の謎に踏み込んでいくことになる。生物毒素を分子レベルで分析すると、分類の上では遠い生物種なのに同じ毒素を持っている場合が多いことがわかってきた。同じ毒素が、ちがう種で独立に獲得されたわけだ。全く別種の生物でも生態が似ると体型も似てくるのと同様な、「収斂進化《しゅうれん》」(六五ページ)である。

さらに面白いことに、無毒な生物種でも、以前は毒を持っていた痕跡が見つかることがあるという。実は毒を持つことは、生物にとってコストが高い。自分の毒に対する解毒作用を備えなければならないから、負担が大きいのだ。だから毒を持っていても、新たな食物の獲得など毒に代わる好条件が生じれば、毒を生産しなくなる。かように毒を持つことは、進化の上ではごく普通の現象なのだ。いま見る多彩な有毒生物と毒素は、厳しい生存競争の結果である。

そして毒といえば、薬にもなる。微量分析やゲノム解析の発達で、生物毒への注目は急速に高まっているという。

ある種のイモガイの神経毒は、筋収縮を起こすカルシウムイオンの流れをブロックして急激な麻痺《まひ》を起こす。これから、商業的に大きな成功を収めた痛み止めが生まれた。二〇一〇年代にはアメリカドクトカゲの毒から作られた糖尿病の革命的治療薬が、大ヒットした。認知症やＨＩＶ感染症（エイズ）などの特効薬への期待も大きく、生物毒はいまや、「製薬会社の宝の山」なのだそうだ。

進化の長い歴史の中で生物が営々と作り出してきた、玄妙極まる毒素。ますます敬意をもって受け取らねばなるまい。

カラー版 細胞紳士録……………………………………………藤田恒夫、牛木辰男著／岩波新書 '04

眼の誕生――カンブリア紀大進化の謎を解く……………………アンドリュー・パーカー著、渡辺政隆、今西康子訳／草思社 '06

生物の不思議さ、進化のすごさ、そして「私」とは？

もちろん私たちは、自分は独立した一個の生物だと思っている。私は、私以外の何者でもないのだ。まあ、確かにそうだ。だがそういうとき私たちは、自分がそれぞれ生きている無数の細胞の集まりだということを、すっかり忘れている。私の体内では、六〇兆個の細胞が役目を営々と果たしながらそれぞれの生を生きているはずだ。そして毎日莫大な数の細胞が、「覚悟の死」を遂げている。

そんな細胞たちに私が改めて尊敬の念を払うようになったのは、『細胞紳士録』が紹介する、ビジュアルで生々しい人体細胞写真のおかげである。走査型電子顕微鏡で見た魅力たっぷり、個性満載の細胞たちが躍動する。いきなり出てくるのが、筋肉のコラーゲン繊維や、硬くて白い歯を作る細胞だ。細胞が、体内で繊維や鉱物を作っている？　そうなのだ。

繊維芽細胞は蚕のように糸を膨大に吐き出して、強靭《きょうじん》な筋肉を作る。エナメル芽細胞は純度の高いリン酸カルシウムを分泌し、水晶より硬いエナメル質を結晶化させる。セメダインがチューブから押し出されては硬まってゆくような具合らしい。こうして「体内の宝石」を作ったエナメル芽細胞は、役目を果たすとつつましく死ぬ。眼のレンズ・水晶体だって、細胞だ。透明な細胞がぎっしり組み合わさっているから軟らかく、増殖を続けて透明度を保つ。

いやや、すごい。でも、元来独立なはずの細胞が、なぜかくも献身的な身体組織の一部へと驚くべき変身を遂げたのか。第一、眼なんて複雑な器官は、どうやって生じたのだろう。それを知りたい方には、『眼の誕生』をお勧めする。

四〇億年といわれる地球生物の歴史で、初めの三〇億年は小さな単細胞生物だけだった。約一〇億年前に、多数の真核細胞が集まって暮らす細胞群から、多細胞生物が登場したと考えられる。五億年ほど前の海で起きた多細胞生物の急激な多様化が、「カンブリア紀の進化爆発」とも呼ばれる進化イベントである。この時に眼も発生し、立派な複眼や、レンズを持つ眼まで現れた。

このようなカンブリア紀の急速な動物進化の要因は、他の動物を食べる肉食動物の登場にあったのではないか。生き残り競争では、餌を見つけるため・捕食者から逃げるための眼こそ主役だったと、著者は主張する。著者らによる進化の計算機シミュレーションでは、単純な一個の感光細胞から四〇万世代も経てば、立派なレンズを持つ眼が出来上がるそうだ。一世代を一年とすれば、わずか四〇万年でレンズ眼が生まれる！

生物の不思議さ、進化のすごさである。そして、死ぬとはどういうことか。自分とは何か。改めて考えることにもなるだろう。

羽──進化が生みだした自然の奇跡……………ソーア・ハンソン著、黒沢令子訳／白揚社 '13

最高度に発達した不思議な〝外皮〟の物語

羽《はね》と聞いて、まず何を思うだろう。もちろん鳥、そして昆虫……。一般に羽は、鳥の翼、または鳥に生える羽毛を指すそうだ。昆虫のハネは、翅と書くことが多い(『広辞苑第七版』で確かめた)。これは、鳥の羽についての本である。考えてみると羽というもの、身近ではあるがその構造や機能や成り立ちについて、私たちはあまり知らないで過ごしているのではないか。

『ナショナルジオグラフィック』誌の特集「恐竜から鳥へ」(二〇一二年二月号)を思い出して、引っ張り出して見た。迫力満点の写真で見せる羽の美しさはまさに芸術、いや、どんなファッションデザイナーも脱帽だろう。羽は美しいだけでなく、軽くて丈夫で、それでいて断熱性は高いし、鳥たちの鮮やかな飛翔《ひしょう》を可能にもする優れモノである。そういえば私が子供のころは、ハトや鶏の羽を手にするチャンスも多かった。あの、反り返った立派な風切羽。軸を持ち、他方の手の親指と人差指で羽面をはさんで軽くなぞると、乱れていた羽が繋がってきれいな一つの面にそろう。不思議に思い、感心もしたものだ。

羽は、最も高度に発達した生物の外皮だそうだ。図解も含めたその構造の解説・機能の話には驚くことしきり。もちろん恐竜からの進化についても、最先端の研究が生々しく伝えられる。

重要なことに、「飛ぶ」ことは当初の羽の機能ではなかった。では、なぜ羽が現れたのか？　保温？

威嚇？　走行時の安定？　議論はまだ尽きない。驚くことに、セックス・アピールのための派手な装飾羽が、恐竜の時代にもう登場していた。あのハデなクジャクの羽の用途について悩んだダーウィンが最後に（そして正しくも）たどりついた、「性選択」による進化である。雄の装飾羽はある種の鳥で過剰に発達しているが、この本では新発見のビックリ例も紹介される。

そして飛ぶことは、どのように始まったのか？　これも、百家争鳴中だ。ともあれ鳥は、はるかな過去に羽の用途を「飛ぶこと」に転用した結果、現在に至る大発展を始めた生物なのだ。

昆虫の翅は、節足動物一般の殻などを作るキチンという多糖類が主成分である。いっぽう鳥の羽は、ヒトなど哺乳類の毛と同様、ケラチンという固めのタンパク質でできている。だが同じケラチンでも鳥の羽は、単純な私たちの髪の毛とはモノが違う。丈夫で軽量、柔軟性と耐久性に富むその性質が、複雑きわまる羽の構造と多彩な機能を可能にしているのだ。羽自体の起源は、鳥の祖先と考えられる恐竜の一種・獣脚類（あのティラノサウルスで有名）の時代を超え、各種恐竜の共通の祖先までさかのぼる可能性が高いという。つまり羽の歴史は極めて古く、だからこそ長い進化の中で多彩な機能を獲得してきたのだ。庭にやって来るメジロやシジュウカラも、その子孫にして大いなる適応進化を遂げた鳥たちである。

私たちの体毛と鳥の羽との違いは大きいが、第一に挙げるべきは、鳥の羽は中空の管だということ。羽らしい羽である「正羽《せいう》」を見よう。中央に軸と呼ぶ太い管が通り、無数の小羽枝《しょううし》が両側に規則正しく延びて、全体として「羽弁《うべん》」を形成する。各小羽枝は小さなトゲ状の突起を左右に並べている。これによって隣の小羽枝どうしが噛《か》み合い、きれいな一枚の羽弁を形成するのである。子供の私が感心したのは、この小羽枝の働きだったのだ。これで、長年の疑問が解けた！

飛ぶときに重要な翼の風切羽はもちろん、最も単純な羽毛である「綿羽《めんう》（ダウン）」に至るまで、すべて管構造になっている。だから、軽くて丈夫。さらにこうした構造が、水をはじき、体温を保つために威力を発揮している。こんな玄妙極まる羽というもの、鳥はどうやって作り出したんだろう？

現生の鳥の幼鳥における羽の発生が、その秘密を語ってくれる。目覚ましい働きをするのが、皮膚に並んで羽の一本一本を生みだす、羽囊《うのう》だ。ケラチン生産に特化した細胞の集団で、ケラチンを作ってはらせん状に押し出すことで管として送りだし、それに規則的に枝を付けて行く。あきれるほどに見事な、ミクロの羽毛製造工場だ。成長中の羽の軸には血が通い、構造形成を制御している。私の頼りない毛髪を作ってくれる毛根とは、大変な違いなんである。きれいな図版（モノクロなのが残念）を見ていると、つくづく鳥の羽の偉大さに打たれる。こうした羽の発生の手順は、一億五〇〇〇万年前の羽毛恐竜の化石からも跡づけられるという。

「羽」は第一次世界大戦前にはご婦人の帽子になくてはならないものだったし、その前は「ガチョウの風切羽のペン」こそが、知的作業のシンボルだった。羽の構造、発生、進化、機能を追いかけてきた著者は、そうした羽の文化も訪ねる。羽ペンの扱いを詳細に紹介しているディドロの『百科全書』、毛針づくりのマニアックな世界、ラスベガスのラインダンサーの衣装部屋まで覗《のぞ》きに行くのだ。

「羽」大好きの保全生物学者が、持ち前の行動力で大勢の人々、遠い時間を訪ね回った「羽物語」。原書は二〇一一年に刊行され、アメリカ科学振興会やアメリカ自然史博物館の賞を受賞した。何でも見てやろう、やってみようという著者の好奇心が、不思議な進化の創造物にぐいぐい引きこむ。鳥類生態学者である訳者が、著者の闊達《かったつ》な語り口を確実に伝えてくれる。

進化の運命――孤独な宇宙の必然としての人間…………サイモン・コンウェイ＝モリス著、遠藤一佳、更科功訳／講談社 '10

「人間は必然」と説く著者の必然とは

地球上の生物の四〇億年近くにわたる進化は、科学の胸おどるテーマだ。次々に発見が続く化石資料はもちろん、ＤＮＡやタンパク質の解析という定量的な手法も加わったことで、めざましい進歩がつづいている。

だが進化の専門家の間では、厳しい意見の対立も起きている。そこでこの本を取り上げながら、その対立点を探ってみよう。

実をいえば「進化」は、ダーウィンによる進化論の提唱以来ずっと、激しい対立の渦の中にあった。進化は原始的生物から自然に発展して人間が生まれてきたことを意味するのだから、この世界での私たち人間の位置が問われたわけだ。神による世界創造・人間中心の立場に立つ一神教、とりわけキリスト教との間で激しい軋轢《あつれき》を起こしたのも当然である。この点、世界創造を説かない仏教の立場は大きく異なる。自然《じねん》、すなわち自《おのずか》ら然《しか》したものというのが、自然界についての仏教の基本的立場だ。それもあって日本の私たちからは、欧米におけるこの論争の激しさは理解しにくいところがある。今回もこの本を読み終わり、その思いを深くした。

アメリカで猛威をふるうキリスト教原理主義は、とりあえず措《お》いておこう。ここで取り上げるのは、進化論の本家・イギリスを中心とした論争である。進化学者同士の論争だから、進化が適者生存を基本に進んだというダーウィンの理論自体は、どちらも否定しない。では、論点は何か。

「生物の進化は、ランダムな試行錯誤なのか？　それとも方向性を持って進むのか？」である。

例えば六五〇〇万年前に巨大隕石《いんせき》の衝突で恐竜が滅びた結果、哺乳類が繁栄し、人間が出現した。ではもし、大隕石が衝突していなかったら？　その後の進化で、何が起こっただろうか。有名な進化学者の論客グールドたち「ランダム派」は、こういう。人間は現れていない可能性が高い。進化の方向は偶然の作用が大きく、生命の歴史のテープを巻き戻して再生すれば、全く違う結果に導くだろう。われわれ人間は偶然の結果、たまたまここにいるにすぎない、と。

この本の著者コンウェイ＝モリスはいう。進化には方向性がある。隕石落下がなかろうと、さまざまな偶然が重なろうと、人間はいずれ必ず現れたと。それが、この本の主題だ。

彼は、カンブリア紀の進化爆発で有名なバージェス動物群の発見者である。一九九七年の著書『カンブリア紀の怪物たち』(講談社現代新書、松井孝典監訳)で、バージェス動物群はランダムな進化の実験場であり、その場限りの種を数多く生んだというグールドが唱えた説に、真っ向から異議を唱えた。バージェス動物群の多くは現存する動物につながる存在だと。私はその書評も書いた(『世界を知る101冊』所収)が、ここでの軍配は、密かにコンウェイ＝モリスに挙げた。

そのコンウェイ＝モリスが、進化には方向性があり人間は必然だったと主張するために本書を書いた。主な根拠は、「収斂《しゅうれん》進化」という現象である。哺乳類のオオカミと有袋類のフクロオオカミなど、全く異なる系統から非常に似た形態や機能が生まれることが、進化上の「収斂」だ。似た環境と似た食物、生態上の必要が収斂を生むのであり、もちろんダーウィン的適応の結果である。本書の核心、六章から九章の二四〇ページ(本文の半分)は、面白いこと請け合いだ。著者は、驚くべき収斂進化の実例を次々に挙げる。

レンズと網膜を備え、像を結び、色を認識する人間の眼は素晴らしいが、似たようなカメラ眼は哺乳類・鳥類とは別に、タコなどの頭足類やクラゲまで含め、一五回以上も独立に進化したという。知能への収斂進化もあり得ると、その例も豊富に挙げる。イルカの脳は二〇〇〇万年くらい前までに大型化し、一五〇万年前までは、イルカが地球上で脳が最も発達した動物だった。ヒトの要件とされる道具の使用も二足歩行も、それぞれ独立に何回か進化を経たという。なるほど進化には方向性があるんだと、読む者を納得させる迫力がある。

ところで本書の第一章から第五章までは、分子レベルで見た生命の複雑さ、自然発生の困難さ、そして宇宙の生命についてである。生命の起源にはいろいろ見方もあろう。だが地球に似た惑星の存在はほとんど望みがないとする本書の宇宙の生命の章は正確さを欠き、少々驚いた。この前半で著者はなぜか結論を急ぎ、「生命は奇跡」へと結論を引っ張ろうとするのである。

第一〇章では、著者の「神」が、徐々に姿を現してくる。グールドらへの反論をまとめた第一一章は学問的批判を超えており、ほとんど読むに堪えない。あの『カンブリア紀の怪物たち』の著者が、かくも感情的になるとは。

この世のことは気まぐれに過ぎないという主張は精神を蝕《むしば》む、と著者は危惧する。だからと言って、科学的な考察がそうした危惧に影響されてはならないだろう。

著者の最後の言葉は、「進化の重要な事実と天地創造との調和を自問せよ」。ここで重要な事実とは、収斂進化のことだ。大きな意味での天地創造があったのだと言いたいのだろう(次項を参照)。しかし収斂進化は、ダーウィン進化と物理法則とが伴うことで現れる生物進化上の法則性なのだと、私は考える。その結果が空を飛ぶことであろうとも、あるいは、知性と私たちが呼ぶものであろうとも。すなわちコンウェイ＝モリスがあげた証拠はことごとく、神がなくとも知性が生まれることを示すのではないだろうか。だいいち、仏教徒はどうしてくれます?

一方のグールドの主張については、『神と科学は共存できるか?』(狩野秀之、古谷圭一、新妻昭夫訳、日経BP社、'07)などを参照されたい。訳者あとがきは、この本が書かれた背景の懇切な説明にもなっている。

移行化石の発見……ブライアン・スウィーテク著、野中香方子訳／文藝春秋 '11

「必然」か「偶然」か、迫力の進化研究最前線

『種の起源』(一八五九年)といえば、ニュートンの『プリンキピア』に並ぶ、科学の金字塔だ。多彩な種を生みだしてきた生物にとっての基本原理＝「進化」を、明確な形で提示した。

著者のダーウィンに対して宗教界・科学界から投じられた攻撃も、科学史上有名だ。聖書に書かれた天地創造に背き、人間を神に選ばれた座から引きずり降ろすものだと。宗教だけでなく、人間としての自尊心も大いに刺激されたのである。

進化論そのものへの攻撃は、いまも続いている。具体的には、「生物は神が造ったのだから新しい種があらわれることはなく、(ノアの洪水以外には)種の絶滅もあり得ない」という主張になる。アメリカを中心にキリスト教保守派が特に強硬に主張するが、現代アメリカの成人の半数近くが、人間も世界も六〇〇〇年前に神様が創造したと信じているという調査結果、信じ難いが本当のようだ。

この本は、アメリカの科学博物館で化石を研究する著者が、教育実習で進化論を教えることを校長に止められて驚いた経験から、書き下ろしたもの。化石に十分語らせるという点で徹底している。著者本人が、分かっているつもりだったが執筆のため改めて調べたところ、化石研究のめざましい進歩に驚いたと書いている。実際、現代の私たちが見る化石は、質量ともにすばらしく豊富だ。これをもとに著者が語ろうとするポイントが、表題の「移行化石」である。

「移行化石」とは何か。

反進化論の側も、進化論が広く浸透しているいま、「聖書に書いてある」だけでは反論にならない。そこで登場するのが「移行化石」だ。もしある種から別の新しい種が生まれたのなら、その間をつなぐ移行型の生物種もいたはずだ。その移行型の種の化石＝「移行化石」は見つかっていないではないか、という論である。

実は「移行化石」の欠如は、ダーウィン自身が進化論の弱い部分だと、次のように述べている。「おそらく、それは、わたしの理論に反対するもっとも明白で重大な根拠となるだろう」。

社会の反応を予期して長年熟考を重ねた、慎重居士のダーウィン。彼は「移行化石」はやがて見つかるだろうが、そのためにはその種が出現し進化した「ホームランド」での発掘が重要だと述べた。彼が正しかったことは、本書が明らかにする。人類の進化でも、その発祥の地であるアフリカを中心にさまざまな「移行化石」が発見されて、いまや人類の進化史をどんどん書き換えているのだ。

化石による進化研究の最前線は、迫力満点だ。まず、魚から陸上四肢動物へ、そしてヒレから指への移行について。指はなぜ五本？　それには多分に偶然も働いているようだが。

次に、恐竜から鳥への移行。昆虫、翼竜、コウモリと、動物は進化の中で何度も違うやり方で空に舞い上がったが、その中で最も成功を収めたのは鳥だった。鳥が恐竜から進化したことは間違いないが、初期には非常に多くの羽毛恐竜がいたし、そういう目で見るとあの始祖鳥だって、立派な恐竜である。ウロコと似たような仕組みで羽が生まれたことも、分かってきた。

哺乳類の起源は、爬虫《はちゅう》類か両生類か？　海に帰ったクジラの先祖は？　ゾウはかつて栄華を極めた多彩な長鼻類の、わずかな生き残りにすぎない。

古代馬の化石は、ダーウィンの時代すでに移行化石として挙げられた、数少ない例だった。だが馬の本当の移行化石は、後になって北米で見つかったのである。馬のホームランドは、当時信じられていたヨーロッパではなく北米だった。それがヨーロッパに広がり、北米では絶滅した。馬の進化史は、大きく書き直された。

そして最後に、人類。次々と見つかる化石からは、人類も多様に枝分かれし、異なる種の併存の時代がかなりあったことが見えてきている。

これら各章ごとに、進化論にまつわるエピソードが置かれている。発展初期の知られざる努力の掘り起こしや、神にこだわるあまりに大学者が起こすとんでもない間違いなど、知られていないエピソードも多くて楽しめる。サイエンス・ライターでもありブログで豊富な話題を提供してきた著者らしい展開だ。

実はこの本には、もう一つの意図がある。神を信じる科学者たちが展開する「神による設計」論への批判である。

前で扱った(六四ページ)サイモン・コンウェイ＝モリス著『進化の運命』は、結局は「神による設計」論の典型と言わねばならない。進化は認める。だが、進化には一定の方向性がある。それは「人間」を生みだすべく準備されたものだと、化石の実例を豊富に引いて説いた。人間が現れたのは進化の必然だと考え、そこに「神の意思」を見ようとするのである。コンウェイ＝モリスは、イギリスの代表的な古生物学者の一人だ。

本書は彼にはひと言触れるだけだが、著者が繰り返し説くのは、進化は必然ではなく偶然だということ。生物種は何度もたくさんの枝に分岐し、多くは途絶えた。たまたま環境や条件に合った種が、自然選択で生き残る。進化は、繰り返さないのだ。

人類の登場は、偶然か必然か。著者はもちろん、偶然だと主張する。この論争の決着は、やはり化石がつけるだろう。いや、もう決着はついているといった方がよい。

化石が語る生命の歴史（全三巻）……ドナルド・R・プロセロ著、江口あとか訳／築地書館 '18

進化は偶然である。そして奇跡ではない

チャールズ・ダーウィンの『種の起源』が出てから一六〇年になる。「適者生存」を基本原理とするダーウィン進化論の評価は高まるばかりだ。現代の進化学者はしばしば、ダーウィンが進化についていかに深く、広く考えていたかを語る。

人類のアフリカ起源についても、ダーウィンの洞察がここ半世紀で確証されてきたものといえる。ただ彼は当初、人類の進化についてはごく慎重に書いていた。人類を最高の存在と見る風潮が圧倒的だったからで、神が人間をそのように作ったというキリスト教の主張は、当時のヨーロッパでは極めて強固だった。それに、人類の進化を示す化石も見つかっていなかった。最初のネアンデルタール人骨が発見されたのは、『種の起源』発表の三年前である。だがいまや、状況は全く変わった。本書によれば、古代のヒト属はネアンデルタール人よりはるかに古いアウストラロピテクス、ホモハビリスなど、アフリカを中心に六つの属、一二種以上という盛況だ。

原著は、「二五の化石で見る生物の物語――恐れを知らぬ化石ハンターと進化の驚異」という欲張ったタイトルの、大部の本である。著者はよく知られたアメリカの古生物学者。和訳では古生代（第一章のみ原生代）、中生代（恐竜など巨大生物が目玉）、新生代（人類進化は最後の二章にまとめる）と三巻に分けたが、

正解だろう。見通しがよくなった。文章も、読みやすい。

カンブリア紀の進化爆発（著者は、そんなものはなかった、見かけだけなのだという）、軟体動物から脊椎動物への進化、魚から陸上の四足歩行動物へ、恐竜から自在に飛ぶ鳥へ、陸上から水に戻ったクジラ、サルから大きな脳を持つヒトの登場へというふうに、何億年の進化史が一コマずつ、巻物を開くように展開する。場面ごとに、進化が連続的に進む証拠（「移行化石」）がていねいに紹介される。

このように本書は進化の段階的なステップを物語る「移行化石」に主眼を置くが、それには理由がある。前項でも述べたように、進化論に反対する人々からは、ある生物種から次の新しい種への進化を示す「移行化石」が見つかっていないのではないかという批判が執拗に繰り返されてきた（六八ページ）。過去の生物種もいまの生物種も造物主たる神が作ったものだから「移行化石」など存在しないというのが、反進化論者たちが頼りにしてきた論拠だった。著者は、キリスト教原理主義が実に根強いアメリカで、こういう偏見と闘い続けてきた。そこで本書では、「移行化石」の証拠をこれでもかと集めて見せたのだ。膨大な化石の説得力は、生半可ではない。

原題どおり、名だたる化石ハンターたちも登場する。初期の化石人類学者たちが、いかにダーウィンの人類アフリカ起源説を無視して「人類のユーラシア起源」を追い求めたか。アフリカの黒人を自分たちの祖先とは認めたくなかったから。この偏見はアフリカ出身の人類学者たち、レイモンド・ダートやリーキー一家の奮闘で打破されていくのだが、まさに一つの物語である。

化石をめぐる深刻な事件の中で有名なのは、「ピルトダウン人」だろう。現代人の頭骨とオランウータンの顎骨を組み合わせ、いかにもそれらしく加工した捏造《ねつぞう》だ。発見が報じられて大騒ぎになったのは二〇世紀初頭、イギリス南西部のピルトダウンで、イギリス人の自尊心を一時期大いに満足させたのだった。
移行化石の重視には大いに納得だが、全二五章のうち原生代は最初の一章だけ、植物の進化についても一章だけなのは、評者としてはちょっと残念だ。その第一章では、二〇億〜三〇億年前の海はバクテリア・マットで覆われた〝ネバネバした世界〟だったと述べている。初期の海で大繁栄したのは光合成をする原始的な単細胞生物、シアノバクテリアの類だった。彼らを食べる魚も貝もまだいなかった時代だから、世界中で増え放題に増え、莫大な酸素分子を作っては海へ大気へと放出した。彼らは集まって厚いマットを形成し、さらに海底の砂を付着させ層状に成長して、「ストロマトライト」と呼ばれる膨大な化石層をいまに残したのである。

NHKが二〇一八年二月に放映した「南極　氷の下のタイムカプセル」が、本書が描いたこの太古の海の景色を、実景で目の当たりに見せてくれた。南極の厚い氷の下の湖に潜ると、そこは魚もプランクトンも住めない、シアノバクテリアの分厚いマットが覆う世界だったのである。テレビ自然ドキュメンタリーの大ヒットだろう。

進化には、方向性はない。偶然の産物である。いっぽう進化のステップの多くは一回だけの特殊なものではなく、いろいろな生物種で独立に同じような進化が繰り返された（収斂《しゅうれん》進化、六五ページ）ことも、本書は強調する。ということは、進化はありきたりのことで、知性を持った生物＝人類の誕生も奇蹟ではないということである。もちろん偶然が基本だから、「神の設計」でできたわけでもない。豊富な化石証拠と分子分析という新しい手段を駆使する現代の進化論が獲得した、大事な結論の一つである。

生物種の移行を余すところなく語る章ごとの美しい図、豊富な化石の写真が圧巻だ。ＣＧによる「移行型生物」の復元図を逐一見ることができるのも収穫。進化の理解はここまで進んだのかと思える三冊だ。

歌うカタツムリ――進化とらせんの物語……千葉聡著／岩波科学ライブラリー '17

行きつ戻りつの進化論研究の発展

「蝸牛」と書くように、らせん形の殻を背負ったかわいらしい姿がおなじみ。俳句では夏の季語で、アジサイとの取り合わせがよい。江戸俳諧では「ででむし」。学術上は「マイマイ」の名がつく、陸生の貝である。その地味なカタツムリが、なぜ進化論の本一冊の主役になるのだろうか。

著者は、世界中でカタツムリを追いかけている進化生態学者だ。この楽しい本で情熱をこめて語るのは、進化という現象が実際には自然の中でどのようにして起きているのかを見極めようと続けられてきた研究の物語である。文章は闊達《かったつ》だが、よく考えて構成された進化論研究史になっている。扱う時代は、ダーウィンから現在、つまり著者の研究を含む約一世紀半。進化にいどむ研究者たちが続々と登場する。その一人一人について語られる研究と人生のストーリーに引き込まれていくうちに読了した。

本書によれば、ダーウィン以来、進化を生み出す原動力として大きくは二つが挙げられてきた。一つはいうまでもなく、ダーウィンが最も重視した「適応による自然選択」。環境に適したものが生き残って新たな種へと発展していく「自然選択」は、ダーウィン進化論の基本であり続けている。けれど実際には、それだけでは説明がつかないことが多々ある。そこで重要な役割を果たすのが、偶然が支配する「遺伝的浮動」である。この偶然的な進化というプロセスをカタツムリで提示したのが、一九世紀末に二〇年以上も日本で布教活動をした宣教師、ジョン・トマス・ギュリックだったという。ダーウィンより二〇歳ほど若いが、同時代人である。彼の話は、ぜひここでも紹介したい。

ギュリックは子供のころから、故郷・ハワイの山々に刻まれた無数の小さな谷で、固有種のハワイマイマイを採集していた。その殻はさまざまな形・模様・色を持つが、ギュリックは、谷ごとに少しずつ異なる殻のマイマイが分布していることに気付く。さらに、それぞれに中間的な殻が存在することなどを、莫大な標本から明らかにした。

おりしも、ダーウィンの進化論が世に出たころである。ギュリックは、カタツムリが谷ごとに地域隔離され、それぞれの谷でランダムな進化を遂げたと考えた。彼の論文は、『種の起源』を出版したダーウィンに大きな衝撃を与えたという。ダーウィンはギュリックを自宅「ダウンハウス」に招いて、大いに語り合った。

「隔離された生物集団は、ランダムで小さな変化の蓄積で新たな種を形成してゆく」というギュリックの考えは、ダーウィンの「適応による自然選択」を補強する、進化論上の重要なキーとなる。これが、その後の集団遺伝学や木村資生《もとお》の「分子進化中立説」などを踏まえながら、「遺伝的浮動」として定式化されていった。だがそれは、一筋縄ではいかなかった。進化は、複雑で精妙なのだ。

ハワイマイマイのように隔離地域内での遺伝的浮動が進化の主な要因と見えた場合でも、実は捕食者からの見えにくさ、異性の獲得競争などのダーウィン的「自然選択」が働いていることがある。いっぽうで集団が小さい場合には逆にランダムな変動が卓越し、「浮動」が自然選択を上回ることが多い。進化論における「自然選択」と「遺伝的浮動」の相対的な重要性は、研究の発展ごとに行きつ戻りつしながら、らせん的な(著者のいうカタツムリ的な)発展を遂げてきた。進化論の受容期における日本での先駆者の活躍にも、興味がそそられる。

一風変わった本書のタイトルの意味は、最後に明かされる。カタツムリへの、著者の並々ならぬ愛情の表れだろう。

食べられないために——逃げる虫、だます虫、戦う虫——

……………ギルバート・ウォルドバウアー著、中里京子訳／みすず書房　'13

昆虫の成功をもたらした進化の驚くべき戦略

いま地球上で一番成功している生物は？　「ヒト（人間）」も一つの答えだが、生物種としての総重量なら、アリはヒトより一桁大きい。では種の多さで比べればどうか。昆虫は他の動物全部、細菌、藻類、植物など全生物の種を合わせたより、はるかに多いのだ。昆虫という生物がいかに大成功しているか、数字は明瞭に語っている。

ファーブルの『昆虫記』は、彼が主に自分の庭で観察した身近な虫たちの不思議な生態で、世界中の読者をとりこにした。それから一〇〇年余、本書で語られるのは全世界の多彩な昆虫たちの生態であり、さらに信じがたい、魅了される物語である。そしてファーブルと現代の昆虫生態学の間には、本質的な違いがある。現代の「昆虫記」では、ダーウィンの自然選択による進化の考えが浸透しているのだ。ファーブルは、強硬な進化論反対論者だった。

では進化が全てを説明し、驚きはなくなってしまった？　とんでもない。驚くべき生態を作りだした進化というコンダクターの絶妙な技量に、私たちはまた驚くのだ。まずは著者が博識と饒舌《じょうぜつ》で繰り出すその驚きの一部を、見てみよう。

「逃げること」は、食べられないための共通手段である。だがそれは、最後の手段でもある。「隠れること」こそ、文字通りウの眼《め》・タカの眼でおいしい食べ物を探す捕食者たちから逃げる、最良の手段である。じっとしていればエネルギーもいらないし。葉裏、樹皮、幹の中、地面と隠れ場所は多い。だが、鳥はそれでもつつきまわる。それではと虫たちは、忍者よろしく環境に溶け込む。木の葉、花、枯葉、泥の塊、鳥の白い大きな糞《ふん》まで、なんでもござれだ。

イギリスのオオシモフリエダシャクという蛾《が》は、樹皮に生える白っぽい地衣類に似せて、白っぽい色をしている。ところが一九世紀半ば、マンチェスター近郊で黒い個体が見つかり、五〇年経つとその付近では黒い個体だらけになった。煤煙《ばいえん》で地衣類が枯れて、黒っぽい幹ばかりになったからだ。二〇世紀半ばに大気浄化法が成立すると、再び白いオオシモフリエダシャクが優勢になった。自然選択による適応がわずか五〇年程度で進むことが、これで明らかになった。

「戦うこと」も重要な生存手段だが、トゲや大アゴといえども小さな昆虫では限界がある。有効なのは、「毒」だそうだ。例えば、いやなニオイで撃退する。北米のホソクビゴミムシがすごい。体内に過酸化水素とヒドロキノンを別々に蓄え、お尻にある回転自在の銃身から一緒に発射。酵素が作用して、摂氏百度もの刺激性のベンゾキノンになる。人間も火傷《やけど》するそうだ。ほとんど戦車だなあ。

だがもっと有効なのが、多様な毒性化合物による「いやな味」や、毒を含む針や毛である。鳥がこうした昆虫を食べると、吐き気や痛さに閉口して、同じ虫は食べなくなる。面白いことに、食べられた虫自身はほぼ死んでしまうが、毒は相手を殺すほどではない。捕食者に学習させ、自分は死ぬが子孫は敵から守られて繁栄する。自然選択が生んだ、種の保存の驚くべき戦略だ。

毒を持つ昆虫たちは、黒、白、赤など目立つ「警告色」をまとう。誤って襲われるのを避けるためだ。

さらに有毒戦略の成功は、数々の模倣者を生んだ。針もないのにハチに擬態するアブの類、毒もないのに警告色をまとう蛾など、枚挙にいとまがない。

ファーブルの時代から、生態学は大いに進歩した。昆虫の不思議な生態が自然選択で進化してきたという考えは机上の空論ではなく、室内や野外での実験で地道に実証されてきたのだ。著者自身も含めた実験の例も豊富で、生態学者の苦労と楽しみを伝える。

昆虫好きにはもちろん、進化というものを考えてみたい方にもお薦めである。

シロアリ——女王様、その手がありましたか！……松浦健二著／岩波科学ライブラリー　'13
サボり上手な動物たち——海の中から新発見！……佐藤克文、森阪匡通著／岩波科学ライブラリー　'13

科学の面白さ、最前線を新たな装いで

「岩波科学ライブラリー」が二〇〇冊を超え、好調である。「岩波新書」が持っていた科学分野の一般読者向け総説、といった重さを捨て、バラエティに富んだテーマをトピックス的に取り上げている。シリーズ創刊当初は地味で小さな本という印象で出版も滞りがちに見えたが、二〇〇五年に装丁を一新して見た目もきれいになり、『ハダカデバネズミ』、『決着！　恐竜絶滅論争』、『ヒトはなぜ難産なのか』

（九二ページ）など斬新なテーマでの出版が、月一冊のペースで続いている。

同じ岩波書店の伝統ある一般向け科学誌『科学』は、社会的視点を強めた結果、寺田寅彦らによる創刊以来の科学の面白さ・新しい発展を伝えるという役割を失った。残念ではあるが、一般読者にはこの「科学ライブラリー」が、科学の面白さやその最前線を新たな装いで伝えてくれるようになった。

科学の紹介でも、ビジュアル情報は大事だ。その点はやや物足りなかったが、カラー写真やイラストを入れたものが出始めたことを、歓迎したい。紹介する新刊二冊は、ともに動物の生態に関するもの。カラー写真、愉快なイラストをたくさんちりばめ、電車の中や就寝前に楽しめる。著者たちが一九六〇〜七〇年代生まれの中堅研究者で、ピッチピチの現役なのも新鮮だ。研究現場の活気と興奮が伝わってくる。

『シロアリ』は、読んでずいぶんと驚かされた。著者は野山を駆け回った子供時代にシロアリの巣を見てとりこになり、大学院で研究テーマをシロアリに定めた。下宿のコタツでシロアリを飼ったという豪の者。大学院時代からヤマトシロアリ（羽アリの季節以外は地下に潜っているが、どこにでもいるらしい）の生態で大発見を連発した。たとえば、女王は単為生殖で後継者を産む。つまり遺伝子的には不死ということになるし、王様のほうはやたら長生きだ。シロアリの巣に紛れ込んで増殖するカビの一種「ターマイトボール」の発見や、このカビがいかにワーカーシロアリたちに卵と誤認させて毎日世話をさせるか、等々。そうした発見を語る著者の筆も、なかなかに軽快である。

シロアリはアリとは別種で、ゴキブリの仲間だそうな。それが「社会性昆虫」としてアリやハチとそっくりな生態を発達させたことにも驚かされる。その背後には、進化という玄妙な運動原理が働いているのだが……。

考えてみれば、地中に潜っている白アリと同様、海の中での生物の日々の生活も、私たちはほとんど知らない。海岸や海面での活動を見ただけで知ったつもりになっていてはダメだと、生物の水中行動を記録する「バイオロギング」による研究が進んでいる。最近テレビでも、イルカに背負わせたカメラでの水中映像などをよく見かける。『サボり上手な……』は、バイオロギングによる海中生態学研究の現場報告である。

小型のカメラ、深度計、速度計、加速度計や音響記録計を開発し、カメやイルカといった大型動物だけでなく、海鳥や魚にまで取り付ける。彼ら彼女らが普段どおり餌を追い、追われ、子供を育てる行動がそのまま記録・回収される。こうして水中生物の日常生活がどんどん明るみに出されてきた。ここでも、驚きの連続だ。

バイオロギングの開発には、日本の研究者の貢献も大きいという。東京大学大気海洋研究所で研究にいそしむ著者たちが繰り出す動物たちの海中行動報告は、もちろん臨場感たっぷりである。著者が強調するのは、速く泳げる動物たちも、「普段はゆったり泳いでいる」ことだ。サボって余計なエネルギーを使わないことこそ、最も良く生きる道。でもイルカなどは大いに遊ぶようで、そこにもひとすじ縄ではいかない生物の面白さがある。

寄生虫病の話——身近な虫たちの脅威……………小島荘明著／中公新書 '10

人体に巣くうおぞましくもスゴイ戦略

回虫と聞いておぞましくもあり、それでいて何やら懐かしくなくもないといった思いを懐《いだ》くのは、戦後に子供時代を過ごした年代ということらしい。戦後の食糧難と人糞《じんぷん》肥料の使用は回虫を極度に蔓延《まんえん》させたのだそうだが、一九五〇年代からの「回虫ゼロ作戦」などが功を奏して久しい。回虫以外にも鉤虫《こうちゅう》、住血吸虫、マラリア、フィラリアなど、かつての日本には寄生虫が蔓延していた。いまは、それらを根絶した世界でもほぼ唯一の国である。この過程で公衆衛生や保健意識が向上し今日の長寿国を導くことになったと、著者は評価する。

ところが、その日本も安心できない。これまでなかった種類の寄生虫による病気被害が頻発しているという。要因としては、ペットからの動物寄生虫の感染、怪しげな漢方健康法やグルメブームに乗ったいかもの食いによる感染、国際化で持ち込まれたり持ち帰る寄生虫、そして高齢化による免疫力の低下などがあるとのことで、まさに、多様化・国際化する現代社会の反映である。それにしても私たちの身辺にいかに多くの「寄生虫」が暮らしているか。驚かない人は少ないだろう。

マラリア原虫や住血吸虫は、世界では依然として大きな脅威だ。マラリアは、世界の感染症による死亡原因で、ＨＩＶ感染症（エイズ）、結核に次ぐ三番目を占める。二〇〇八年の死亡者数八六万人余、その九〇％近くがアフリカである。中国では三峡ダムの建設で日本住血吸虫が蔓延しないか、心配されている。中間宿主である巻貝の生息域が、広大なダム湖全体へと拡がるからだ。寄生虫も、生態系と直接つながっているのだ。

著者の専門は住血吸虫、そして脅威が大きいマラリアで、これらについては特に詳しく述べられる。ご存じハマダラ蚊が媒介する原虫が人体の肝細胞や血液に陣取って引き起こすのがマラリアで、特に熱帯熱マラリアは恐ろしい。その「生活環」はいまや分子レベルまで解明されつつあるが、わかればわかるほど、複雑で巧妙なしくみに驚かされることになる。形を変えながらハマダラ蚊の腸で増殖し、唾液腺《せん》に移動して、うまく人体に潜入する。人の血液中で形成された生殖母体は、夜、つまり蚊の活動時間帯になると末梢《まつしょう》血管に移動して、蚊に吸われやすくするのだそうだ。そうして蚊の体内に戻り受精増殖して、次のサイクルに進む。これだけの複雑な生態を発達させたからには、マラリア原虫は人間との付き合いがよほど長いのだろう。それはいつ頃からなのか。

著者は、留学、共同研究、調査と世界を飛び回り、近年は国際舞台でマラリアなどの撲滅に力を注いできた寄生虫研究のリーダーの一人である。各地の生々しい実例や取り組み、明治以来優れた研究者を輩出した日本の寄生虫学の伝統。著者自身の研究史からは、一歩一歩進んできた研究現場の雰囲気が見てとれる。著者の熱意が伝わる本である。

改めて考えれば寄生虫など小型の生物にとって、全世界にはびこる大型生物・人間は、広大で豊かな生存環境だ。ウイルス、細菌、原虫など多くの生物が人間を住み家とし子孫を残しているのは、当然なのだ。中でも人間が持つ免疫システムの中で平然と生きることができる寄生虫は、高度な免疫防御システムを備えているという。その解明も進んではいるが、一方でその強力な耐免疫性のため、寄生を予防するワクチンの実現は、極めて困難なのだそうだ。

おぞましい「寄生虫」と見るか、巧みな生き残り戦略が生み出したスゴイ生物と見るか。視点によって、寄生虫の世界も全く違って見えてくる。

ヒトのなかの魚、魚のなかのヒト……ニール・シュービン著、垂水雄二訳／ハヤカワ文庫NF '13
——最新科学が明らかにする人体進化35億年の旅——

多細胞生物の身体形成の秘密に分け入る

一九世紀半ばのイギリスで、地下に埋まっていた巨大生物の化石を研究して「恐竜」という名を与えたのは、偉大な解剖学者、サー・リチャード・オーウェンだった。彼は、ヒト、ウマ、カエル、クジラ、鳥などの手（鰭《ひれ》、翼）や足の骨が、上から順に太い一本の骨、二本の骨、複数の小さな骨の塊、そして五本の指という、同じ基本デザインでできていることを明らかにした。見事な共通性にオーウェンは満足し、これこそ神が生物を周到に設計したことを示すと考えた。

しかしすぐ後で『種の起源』を発表したダーウィンにとっては、同じ事実が、広範な四肢動物が同じ祖先から進化したことを明瞭に示す証拠だった。著者がいうには、ダーウィンとオーウェンの理論の違いは、ダーウィンの理論が「正確な予測を可能にする」ことである。

著者のグループがカナダ北端の北極圏に毎年ヘリコプターで飛び、吹きさらしのデボン紀の地層で化石をひたすら探しまわったのも、進化論が示す「予測」に基づく。ダーウィン理論では、四肢動物全体の共通の祖先は、「魚」であるはずだ。四億年近く前、海から陸に上がった生物の中には、最初の陸上植物や昆虫に交じって、原始的な四肢を備えた「魚」がいたに違いない。その化石があるとすれば、おそらく当時の河が海に注いでいた汽水域で形成された堆積層だろう。こうして六年の苦心が実り、著者たちはついに原始的なデザインの四肢骨を持つ「魚」の化石を発見して、ティクタークと名付け、大反響を呼んだのである。

話は、魚止まりではない。著者はシカゴ大学の自分の研究室を二つのグループに分け、いっぽうでは化石による動物の進化を、他方では現生動物の胚からの発生とそれについてのＤＮＡの役割を、並行して調べている。そうした研究をベースに本書が追うのは、四肢、歯、嗅覚、眼、耳など身体を作る、ボディ・プランの仕組みである。こうして動物の「身体の起源」を探っていくと、サメ、イソギンチャク、ナメクジウオ、カイメンや細菌にまで、私たち人間の身体と共通する痕跡が見つかるという。

例えば、耳。私たちが会話し音楽を楽しむ中耳・内耳の構造は、原始的な魚の呼吸器である鰓《えら》や水流の速さを感じる感覚器から派生し、哺乳類で大いに発達した。また例えば、歯。動物の身体で一番硬い物質である歯は、古代のヤツメウナギのような原始的な魚から始まった。初期魚類である甲皮類の鎧《よろい》は、歯が集まって作られたものである。ウロコや羽毛も、歯に続いて皮膚から生み出された部品。歯は肉食の最も古い名残りだが、その後身体のさまざまな部品として転用されて、大きな発展を遂げたのだ。

著者の筆は、解剖や化石探しなど自身の研究の苦心と興奮、冒頭のオーウェンとダーウィンの話のような研究史をちりばめて飽きさせない。多細胞生物の身体形成の秘密に迫り、私たちの身体にもさまざまに痕跡を残した過去の膨大な生物群(つまりご先祖たち)へと思いを馳せる。最終章のテーマは、一〇億年近い昔におこった、単細胞生物から多細胞生物への大ジャンプだ。

私たちはつくづく、すごい時代にいると思う。人間の出現までの進化の道が、こんなふうにトータルに見えてきている。太陽系外では幾多の惑星が発見され、そうした太陽系外惑星での生命の存在が追求されようとしている。宇宙論と素粒子論では、この世界を作る物質・力・空間の起源に迫る研究が競われている。

いっぽう人間社会に目を向けると、先を読むのが難しい時代である。でもこれほどの英知を持つ人間だ。なんとか明るい展望を開いてゆけるよと、楽観的になれる気もする。

鳥！　驚異の知能――道具をつくり、心を読み、確率を理解する

……ジェニファー・アッカーマン著、鍛原多恵子訳／講談社ブルーバックス　'18

学習と脳の力はヒト科なみ

二〇一八年の『ナショナルジオグラフィック』誌は、全号が鳥特集である。二月号は「鳥の知能」だった。シアトルに住む八歳の女の子がカラスに餌をあげていたら、そのカラスから毎日のように「贈り物」をもらうようになった。死んだトゲウオ、ペンダントやきれいな石もある。そのほか瓶のふたに乗って雪の斜面を何度も滑り降りるカラス、段ボールで道具を作るオウムなど。いまや鳥によっては、脳とその働きは大型類人猿並みかそれ以上と考えられるようになっている。

三億年以上前に恐竜と哺乳類に分かれた鳥とヒトが、それぞれ独立に脳を大型化し、高い知能を生んだわけである。では仮に地球外の生命存在が可能な惑星で生命が生まれたら、やがて知能が発達し文明を生み出すだろうか？　それとも知能の発達は、めったに起きない奇跡なのか？　どうやら奇跡ではないと地球の鳥たちが語っているように、私には思われる。

そんな鳥のエピソードが満載の本書。著者は活躍中のジャーナリストで、鳥の知能に関する研究最前線の総合的紹介だ。まず、序章を熟読されることをお勧めしたい。きっと、鳥への新しい目が開かれるだろう。

もちろん鳥の知能は、人間の知能とは違う。鳥は恐竜から、飛行に特化して進化した。そのため、大

型化した地上の哺乳類とは逆に、鳥は小型化・軽量化の道を進んだ。それによって、恐竜が滅んだ六五〇〇万年前の大絶滅イベントを生き延びたのだろう。大絶滅が終わった後、鳥類は急激な発展を遂げたそうだ。いま知られている鳥類はざっと一万種で、哺乳類の四〇〇〇種を上回る。鳥は、非常に成功した動物なのである。

内容は、鳥の知能と脳、鳥のイノベーション、社会・子育てと学習、道具と「芸術」、適応と進化、など多岐にわたる。カラス、カケス、インコ、シジュウカラなど鳥たちの驚くべきパフォーマンスや、学習能力の数々。最近特に注目されているのは「さえずり」で、ヒトの言語に最も近いとされる。その多彩さ、他の鳥や動物の鳴き声や物音までまねて取り込む能力には恐れ入る。基本的には雄による雌へのアピールなのだが、繁殖期を外れた秋には、自分でも複雑なさえずりを楽しむのだそうな。

鳥の「渡り」は、昔から大きな謎だった。大洋や時に赤道も越え、地球規模の長距離の渡りを繰り返す。嵐で迷っても、目的地に到達する。この強力なナビゲーション能力の源は何か。これまでの研究では、視覚的目印、地球磁場、太陽の位置と時間、夜空の星、匂いなどが候補に挙がってきた。現在の結論は、「鳥はそれらのすべてを動員する」。空から地上を俯瞰《ふかん》する鳥の「脳内地図」は、私たちの想像をはるかに超えるものらしい。

鳥は高い学習能力と、発達した脳を持つ。幼鳥期が長い種ほど学習能力が高いし、脳が大きく知能も高い傾向がある。群れを作り、社会的にも学習する。われわれヒトも幼児期間が長く、知能の発達では学習が大きな部分を占めている。もちろん脳の構造は若干違うけれど、学習の時の脳内活動には共通点が多いという。環境や必要性に応じ別系統の生物で似た外形や組織が出現する「収斂《しゅうれん》進化」（六五ページ)の結果である。知能の発達はやはり、「ヒト科だけで起きた奇跡」ではないのだ。

鳥にはまた、環境適応性に非常に優れた種がある。人間集落や都会に住み着いたスズメやカラスがその好例だが、人間が作り出す環境の変化は大きい。人類文明が現在もたらしている「六回目の生物大絶滅」は、過去の大絶滅のように新しいニッチを作り生物の進化を速めるだろうか？　だが環境変化のスピードはやたらと速く、特に変化に対応しにくい渡り鳥は、絶滅が心配されている。

人体の物語――解剖学から見たヒトの不思議……………ヒュー・オールダシー＝ウィリアムズ著、松井信彦訳／早川書房 '14

よくわからないながらも居心地がいいわが家

徹底的に「身体」にこだわった、不思議な本である。身体を離れての「魂」の影が薄れた現在、身体は確かに私たちそのものであり、「自我」の存在場所としての意味はますます重くなっている。だがその割に、私たちが身体のことを知らないままでいるというのも事実だ。人体は、「私たちが立ち止まってじっくり眺めることが最も少ない自然の驚異」。科学、建築や博物館という広い分野で活躍するジャーナリストたる著者はそう考え、この本にとりかかった。解剖学の勉強から始めたのである。

というわけで、若きレンブラントの傑作「解剖学講義」の物語から、この本は始まる。当時こうした解剖は大きな呼び物で、大学には文字通りの「解剖劇場」が建てられ、多数の市民が入場料を払って詰めかけた。死体の多くは死刑になった罪人のもので、市民は絞首刑と解剖の両方を「楽しんだ」。この絵にまつわるさまざまな挿話も面白いが、実はこの絵が描かれた一七世紀前半、ヨーロッパの医学界では解剖学が大きな展開を見せていたのである。その端緒を開いて解剖学の祖と言われたのが、ヴェサリウスだった。

彼は一五四三年、二〇代の若さで才能と野心をかけて『人体の構造』全七巻を出版し、ご丁寧にも解剖用の死体をどうやって「調達」したか(むろん穏やかな方法ではない!)まで、あからさまに書いた。この本をきっかけに、解剖を主な手段として各器官を調べ上げてゆく人体の「還元主義的」研究が爆発的に進み、体内のさまざまな小器官が発見されてゆく。ハーヴェイが血液の循環を発見し、レンブラントが傑作を描くに至る。同時代人のシェイクスピアに身体語が非常に多いのはこういう状況の影響だろうと著者はいう。

かように、人体に関して絵画から文学、文化、ゴシップに至る著者のうんちくは端倪《たんげい》すべからざるもので、思わず引き込まれ大いに驚くという楽しみを味わえる。だからこの本は第一に人体にまつわる科学的文化史であり、題名の通り「人体の物語」なのである。

無論、うんちくばかりではない。私たちがよく知っているようで知っていない、複雑きわまる人体。「本書では私たちの身体と、その各部と、それらのもつさまざまな意味合いを取り上げる」というように、人体の全体、各部分が周到に取り上げられる。だがいわゆる一般向け科学書とは、とんでもなく趣が違うのだ。

例えば「脳」の章では、fMRI（機能的磁気共鳴画像法）を使って企業の採用応募者診断や心理調査といった商業利用に走る科学者たちに、読み手は思わず眉をひそめるだろう。「心臓」では、心の所在が脳に移ったいまも心臓が人間心理で重要な位置を占めていることに、気付かされる。「血」で語られるのは、聖性、犠牲、穢《けが》れ、遺伝＝家系……。血は、実に豊富な文化史の対象である。血の役割がほぼわかっているはずの現代の私たちも、それと無縁ではない。

こうして人体を考えてくれば、「身体の不死」問題へ向かうのは必然だ。機械による人体の補完、ロボット化、「人は一〇〇〇年生きられるようになる」とマスコミをにぎわせる科学者たち……。特に米国では、合成生物学や「身体の超越」による「新しい人類の可能性」が語られている。そうした研究は消費者文化を無批判に取り入れているのではないかと、著者は危惧する。

精神をどこか天空に「アップロード」し、肉体は機械化して生物圏に依存しないで済ます？　そんな空想に対しては、「居心地のいいわが家であるものを牢獄《ろうごく》と見なす必要はない」というのが著者の基本的立場だし、この本の主張でもある。

ヒトはなぜ難産なのか——お産からみる人類進化……奈良貴史著／岩波科学ライブラリー'12

「お産」という大事と人類学の視点で向き合う

お産が女性にとって大変な難事業だということは、男性もみな知っている。けれど、数多《あまた》の哺乳類の中で人間の難産が際立っていることをこの本で知ったら、何やら、いろいろなことが一度に見えてくるような気がしてきた。

何よりも、この大きな頭だ。何枚もの頭骨が複雑な縫合線で付着し、しっかり脳を守っている。でも、生まれて間もない我が子の頭に触れてその柔らかさに驚いたお父さんも、多いのではないか。私も、その記憶は生々しい。このふにゃふにゃの頭は生後一年で三倍になり、二歳児にしてようやく固まる。こんなに頼りない未熟児で生まれるのは、ヒトの一大特徴だ。それでも新生児が生まれるときは、頭の直径を三分の二近くに縮め、身体の位置や方向を何度も変えながら、やっと出て来るのだという。何と大変な。

ヒトがかくも難産になったのは、直立歩行と大きな頭に直接の原因がある。直立したおかげで骨や内臓の配置・構造が複雑になり、お産には不向きになったのだ。だが、三〇〇万年くらいも前から直立して歩いていた猿人は、おそらくそう難産だったわけではない。まだ脳がチンパンジー程度に小さかったからだ。ホモ属が石器を作り始めた二〇〇万年位前から脳は増大し、ホモサピエンスの出現に向かう頃にはさらに大きくなった。

頑丈で頭も現代人なみだったネアンデルタール人は、難産だった可能性が高いという。ネアンデルタール人の研究者でもある著者は、お産では彼女らよりやや有利だった現代人に、そのために負けていったのかもしれないと想像を巡らせる。つまりヒトは、社会文明を持てる知能を、子孫を残せるギリギリのところで獲得したのかもしれないというのだ。ネアンデルタール人は、もう少しのところでそれに失敗したのだろうか？　とすると、宇宙の他の星の「文明人」のお産はどうなっているのかなあ、などつい想像は駆け巡るが、閑話休題。

昔からお産は本当に大変なことだったという事実も、重い。お産で母親が亡くなることは珍しくなく、産むことは女性の命がけの大事だった。平安時代の『栄華物語』では、出産する女性四七人のうち四人に一人弱の一一人がお産で死ぬとのことだ。物語としての誇張も若干あろうけれど、江戸時代のある推定では、やはり女性の死因の四分の一がお産だという。でもお産が怖いと言って産んでくれなかったら、人類も日本も私もないわけだ。女性は、実に偉大な存在である。

そして昔から、また世界中で、お産という大仕事を本人任せにしないで周りが助ける工夫や仕組みが多様に発展していることを、本書は紹介する。これも人間なればこそ、である。

現代のお産での死亡率は戦前に比べてほぼ一〇〇分の一で、一〇〇％安全とはいえないにせよ劇的に下がっている。目出度《めでた》いことだが、難産であること自体が変わったわけではなく、助産の制度や施設での医療分娩《ぶんべん》体制が整ったためである。しかしいっぽうで著者は、産婦が「産む人」から「産まされる人」になってきたと指摘する。アメリカなどで多い不必要な帝王切開の適用や、フランスで著しい麻酔による無痛分娩についてその弊害を語り、「必要な場合に限る」ことが大事と説いている。

学生や聴衆に歓迎された講義・講演を基にした本というが、さもありなんと思う。目配り気配りが行き届いて、読んでいて気持ちがよい。とりわけ人類学の視点からヒトの難産を取り上げたことで、ぐっと視野が広がった。例えば著者は、動物も昔の人も自分で産んできたのだからもっと自然に任せるべきだという「自然分娩派」にも、同じ立場から警鐘を鳴らしている。

広い科学に立脚して重要な視点を提供するのは、科学者が果たすべき基本的な役割の一つだろう。

がん──4000年の歴史(上・下)

シッダールタ・ムカジー著、田中文訳／ハヤカワ文庫NF '16

努力は無駄ではなかった──未完の肖像画

日本の統計では、二〇一五年の予測がん患者数は九八万人と、前年より一〇万人増えた。がんによる死亡は死亡者総数の二八%、死亡原因のダントツ一位である。結核やペストなど人類を悩ませた重大疾患が医学の軍門に降ったいま、「病気の帝王」＝がんが、いよいよ姿を大きく現してきたのだ。

医学の世界では、腫瘍を「新生物」と呼ぶ。ギリシャ語由来の neoplasm の訳だが、特に悪性腫瘍＝がんの別名として格別の迫力がある。知らぬうちに体内で生まれ増殖する新生物。がんが私たちの生存機能をそのまま使って成長し体内で進化までする、私たち自身の「クローン」だと分かったのは、つい最近だ。本書は、コロンビア大学医療センターのがん臨床医師による大作(二〇一〇年刊)。二〇一三年の邦訳の、改題文庫版である。

まず言おう。栄誉あるピュリッツァー賞の受賞も当然の、「すごい本」である。古代エジプト医師の記録から、がんゲノムの解読が進む現在まで。不可思議な病気の解明と治療に邁進《まいしん》し挫折を繰り返した研究者・臨床医の戦いを、臨場感あふれる筆で描いた。長く続く緊迫したストーリーでは、アメリカならではの激しい市民運動も重要な要素となったことを知る。登場する研究者・医師・患者は膨大で、想像を絶する資料調査にはただ脱帽だ。

病気に対しては、まず原因を解明し、それに応じた治療法を開発するのが手順だろう。だががんの原因解明は、ひどく難航した。二〇世紀初めになっても、煤煙《ばいえん》原因説、ウイルス原因説、体細胞変異説などが入り乱れる混乱状態だった。理解が進めば進むほど見えてくる、がんの複雑さ。がんを起こす遺伝子変異や体内での活性化は数多く、そして何段階もあることが理解されたのはようやく一九八〇年代だが、これで、がんのさまざまな謎も少しずつ解けてきた。例えば、がんのスローさだ。遺伝子＝ゲノムの突然変異はめったに起きないから、がんは変異を重ねて発現するまで体内で一〇～三〇年を過ごし、私たちの老化と競い合うのだ。

こうして、「がんの原因遺伝子はもともと私たち自身のゲノムで、体内で活性化されるのを待っている」というがんの肖像の輪郭が描かれたのである。ひとたび「正しい路線」が発見されれば、後戻りはない。それが、近代科学の方法の強みだ。

治療は、どうか。がんの正体は分からなくとも、瀕死《ひんし》の患者は医師の前にいた。わずかな希望を求め、手探りで進んだがん治療の一歩一歩が、それぞれに物語である。乳がんでは、麻酔と消毒による手術が普及した一八世紀末以降、「根治手術」の方針のもとに、莫大な数の患者の組織が徹底的に切り取られた。白血病では、実にさまざまな毒が抗がん剤として試され、患者を苦しめた。そしてX線の登場、化学臨床試験の展開など。だが著者によれば、一部を除いてがん死亡率はわずかしか低下しなかった。

がん治療近代化のリーダーは、アメリカだった。一九五〇年代にタバコの発がん性が明らかになり、医師や市民は巨大タバコ産業との長い闘いを開始する。一九七〇年代、化学療法を開拓したシドニー・ファーバーは著名なロビイストと組み、アポロ計画を継ぐ大プロジェクトとして「がんとの闘い」を打ち上げた。彼らは大統領を動かし、がん対策を国家戦略にまで高めた。莫大な資金の投入、大量の臨床試験。熱狂的だが実際の効果は薄かったこの「がん戦争」を経て、一九八〇年代にようやく新しい治療の流れが形成される。ほっとすることに、薬の副作用などによる患者の苦痛に無頓着だった反省から、「緩和ケア」が医療に組み込まれた。一方的だった臨床治療も、「患者とともに進める」治療へ変化した。そして二〇世紀末、がん原因遺伝子の理解を背景に、分子標的薬剤の開発が始まった。

本書には、がん患者が多数登場する。一九五〇年代の全米的ながんとの闘いに火をつけた小児がん患者のジミー、テーマミュージックのように折々語られる著者の患者カーラ。闘いに生き延びた人たちの物語、生き残れなかった数多くの患者たち。過去と現在にちりばめられる物語が、「病気の帝王」との長い闘いに、救いと希望を添える。実は私も膵臓《すいぞう》がんで手術を受け、いま、抗がん剤治療を続けている。医師と患者がじかに向き合う交流には、大きな励ましを受けた。最先端医療の現場ではとりわけ、密な人間的関係が結ばれるのだろう。

がんの理解と治療はなお途上にあることも、本書で十分にわかる。現在という時点でがんと闘う患者や医師は、この時代に生まれたことを感謝するべきか、それとももっと後に生まれなかったことを恨むべきか。いや、そうではない。すべての時代におけるがんとの闘いが、今日の理解と治療をもたらした。あらゆる治療や試みが基礎となって少しずつがんが解明され、少しずつだが実際にがんの死亡率を引き下げてきたのだ。「どんな努力も無駄にはならなかった」。それが、がん四〇〇〇年の歴史を振り返っての著者の結論だ。

患者であると医師であるとを問わず、現代に生きる私たちに、恐るべき闘いの相手の全体像を示した力作である。そして、才能豊かな語り手がディテールを膨大に積み上げて描いた「病気の帝王」の巨大な肖像画――ただし未完。

ゲノムが語る人類全史……………………アダム・ラザフォード著、垂水雄二訳／文藝春秋 '17

遺伝子は運命ではなく、可能性に過ぎない

二〇〇一年、アメリカとイギリスが一〇年の期間と三〇億ドルの費用をかけた、「ヒトゲノム計画」の成果が公表された。初の「ヒトの遺伝子地図」は、三人のヒトの塩基配列を示す、膨大な文字列。だがその遺伝的な意味は、まだほとんど不明だった。ヒトは約二万個の「遺伝子」を持っていたが、それはゲノム(後述)全体から見るとわずか二%以下で、ゲノムは重複と無駄だらけに見えた。

この計画が巨大な一歩だったことは、間違いない。何よりヒトの全ゲノムの文字列が、国際的に公開されたこと。もう一つは、技術面の飛躍だ。DNA上の塩基配列を高速で読み解く、ゲノム解読シークエンサの開発が続いたことである。いまはゲノム資料が世界中から集められ、「次世代シークエンサ」で一〇万人規模のゲノム解読と公開が進んでいる。ゲノムは化石や病理実験などとは全く違うデータだから、人類は自分理解のための膨大な共有財産を新たに得たことになる。

花開きはじめた、ゲノム遺伝学。「ヒトゲノム計画」終了から一五年、本書はその展開を語る。

ここで整理しておこう。「ゲノム」は、遺伝情報全体を指すドイツ語だ。地球上の生物はみなA、T、C、Gで表す四種類の塩基で遺伝情報を伝えるが、それらは長大な有機分子の鎖である「DNA」の上に、いわば「文字列」として並んでいる。人間のゲノムは約三〇億文字で、一万冊の本に相当する。D

ＮＡ鎖が折れ曲り立体的に絡み合って顕微鏡でも見える形を成したものが、「染色体」。われわれヒトは、二三対の染色体を持つ。最後に「遺伝子」は、ＤＮＡ鎖の上で遺伝的形質を保持する領域のこと。特定のタンパク質を作り、その形質を発現する。メンデルはエンドウ豆で遺伝に法則性があることを見つけたが、「遺伝子」の具体的概念はまだなかった。それが、いよいよ姿を見せてきたのだ。

ゲノム遺伝学は始まったばかりで、本書の内容は多岐にわたるし驚くことが多い。だが、まだ断片的だ。ここでは主要事項だけをさっとなぞるしかない。

まず、「私」について。現代人はゲノム上では九九・九％同じだが、その違いは三〇〇万文字分にもなる。だから私と全く同じゲノム配列が選択されることは（一卵性双生児の場合を除けば）二度となく、それが私たちすべてを互いに違う存在にする。祖先について言えば、いま地球上で生きるすべてのヒトは、三〇〇〇〜四〇〇〇年前に生きて子孫を残したヒトすべて（皇帝も奴隷も）の遺伝子の一部を持っているはずである。人間は移動し交じりあうので、数千年もあれば地理的な障壁も超えて、遺伝子が十分にかき混ぜられるからだ。つまり、現代人はみんな親族だ。そう考えれば、なかなか愉快。

人類史でも、数万年前の私たちの祖先の混血や、北欧系の白い肌、東アジア系の黒い直毛など現代人の地域的な特徴が見えてきたのは実はわずか数千年前なのだということなど、新しい発見が続く。つまり、少し前まではみんな黒人だったわけだ。

とりあげられる大きなテーマの一つは、遺伝学の闇と光である。遺伝の人工的制御で「優れた人間」を作るという優生学は、第二次大戦当時のナチスドイツやアメリカで猛威をふるった。日本でも、戦後に起きた優生学思想に基づく強制的避妊手術が、いま大きな社会問題になっている。遺伝学は優生学への反省の中で生まれたが、いまも人間自身の偏見や差別と戦っているのだ。個々の人間を分析する科学であるが故の、遺伝学の悩みだ。

たとえば、「悪の遺伝子」を見つけて悪を根絶できるか？　ノー。遺伝子は人生を確定するものではなく、可能性に過ぎない。ゲノム遺伝学は病気を根絶できるか？　ノー。ゲノム遺伝学で根絶された病気も根治した病床例も、ゼロである。

それでも、ゲノム遺伝学が開く未来の可能性は大きい。ちょっとまわりくどい文章のこの本は、その新しい世界ものぞき見させてくれる。

III

不確かな大地からはるかな頭上へ

——地球と宇宙

地球全史——写真が語る46億年の奇跡……白尾元理写真、清川昌一解説／岩波書店 '12

はるかな時を刻む私たちの大地

文学や映画であまりにも有名な、ドーバーの白い崖。真下まで行ってみたことがあるが、本当に真っ白く、そして巨大にそそり立つ光景には、息をのまされる。きめが細かくて古くから白墨として使われた「チョーク」は、日本語では白亜、つまり「白い土」である。元来、このドーバーの崖を作る白い物質のことなのだ。

九〇〇〇万年前の中生代・白亜紀は、いまより一〇度も気温が高い大変な温暖期だった。海面は二五〇メートルも上にあって陸地はいまの半分しかなく、広い遠浅の海に囲まれていたという。その海ではびこったのが、暖かい気候に適した微細な原生動物・円石藻《えんせきそう》だ。膨大に積もり積もったその石灰質の殻がすなわち、チョーク。「白亜紀」の名も、これから付けられた。

地球の全歴史で起こった事件の痕跡をたどって世界中を撮り歩いた、これは世界初という地球史のアルバムだ。それも、写真集『日本列島の20億年』(岩波書店)をかつて世に問うた、練達の写真家によるもの。

ドーバーの崖ならその下で昔をしのぶこともできるのだが、私たちの大祖先たる三五億年前の単細胞生物の微化石が見つかるというチャイナマンクリークは西オーストラリアの乾燥地域にあって、簡単には行けそうにない。いっぽう、カンブリア紀の進化大爆発を語る美しい化石が出るカナダのバージェス頁岩《けつがん》層や、平たい葉っぱのようなエディアカラ動物群がうようよ一面に覆うニューファンドランド島の岩壁へは、ガイド付きツアーもあるそうな。そんな行き方や緯度経度も含めた「撮影地情報」付きである。

一つひとつの写真は美しく、風景としても楽しめる。その中に、巨大な恐竜の足跡が点々と続いてゆくのが見えたりする。見事な和染めのようなパターンの巨大な岩脈が、二〇億年昔に衝突した巨大隕石《いんせき》が残した大規模な溶融岩層だと説明され、心ははるかな時を超えて漂う。

エジプトの砂漠に孤独に横たわる、化石のクジラ。いまも成長を続けていることを示す、ヒマラヤやアルプスの急峻《きゅうしゅん》な山岳。地球の奥深くからマグマが湧き出してプレートを生みだしている現場・アイスランドでは、南北に裂けた幾筋もの大地の割れ目が不気味である。その生々しい割れ目の中を道が通り、車が走り、なんと家さえも見える。そのアンバランス。いやそうではなくて、地球の時間と人間の時間とは、長さのケタが違うのだ。われわれ人間は悠久の時間をかけて進む地球の大変動の中で、チョコマカと生きている。最後の写真では、あの東日本大震災で地球がまた少し動いた事実が告げられる。

写真の解説に加えて、巻末には四〇ページにわたる詳しい解説がある。四六億年の地球史・生物進化史研究の最前線を具体的に語る、新鮮な総説である。地球という惑星が初期の高温状態から冷えながら、その表面で絶え間ない活動を引き起こしてきたこと。地表面の変化は必然的に大きな気候の変化を伴い、そして生物進化にも甚大な影響を及ぼしてきたこと。地球のダイナミックな息づかいと、その地球とともに歩んだ生物の足取りが伝わる。この解説を読んでから写真をもう一度眺めてみれば、身近な地形の一つひとつにも地球の歴史が刻まれていることが実感されるだろう。

白亜紀は、恐竜が絶滅した大隕石衝突事件で幕を閉じた。その事件をいまに伝える黒い地層は世界各地にあるが、この写真集は隕石衝突説の提唱者であるアルバレス父子がイリジウムの異常濃集を発見して隕石衝突の証拠とした、有名な粘土層を提示する。イタリア・グッビオにあり、この記念碑的発見を示す説明板が立っている。

広大な時空に遊べる、地球史・生物進化史の写真集である。

地底——地球深部探求の歴史…………デイビッド・ホワイトハウス著、江口あとか訳／築地書館 '16

「地球望遠鏡」は何を見たか

鉱山の底からスタートして、地下六四〇〇キロメートルの想像を絶する地球の中心まで読者を案内する。だからこの本には、原題の「地球中心への旅」がふさわしい。

とはいっても、地球の中心へ実際に行くことはむろんできない。それに、宇宙なら電波望遠鏡で一三八億光年の彼方《かなた》まで見渡せるが、岩石で固めた地球は光はおろか電波でもほとんど見通せない。となれば、地下深く穴を掘って調べるのが第一歩だろう。ところがどんな鉱山でも、人間が行ける深さはせいぜい四キロメートル。そこですら、あまりの高熱にあえがなくてはならない。地球の半径六四〇〇キロメートルの一〇〇〇分の一にも足りない、ちょっと表面をひっかいただけなのに。

ドリルで穴をあけて地下深くの岩石を採集するのは、重要な方法だ。だがこれも最高記録は、一九八三年にソ連が到達した地下一二キロメートルにすぎない。二〇〇度を超す高温で掘り進めなくなり、結局ソ連の崩壊で放棄されて、大掛かりな施設もいまは廃墟《はいきょ》とか。

それでも、あきらめない。あらゆる科学的な計測・実験・理論を動員して六四〇〇キロメートルの地球中心に迫っているのが、人間のすごいところだろう。著者は科学ジャーナリストで、研究者のエピソードを豊富にはさみながら科学が進んだステップをたどり、一歩いっぽ、地球の中心に近づく。

よく知られているように、地球の内部構造は地震波の分析によってわかってきた。地殻のすぐ下には、さらに下にある分厚いマントルとの境界にモホロビチッチ不連続面があること。深さ二九〇〇キロメートルには融《と》けた鉄の外核、その中心には半径一二〇〇キロメートルの固体鉄の内核があることなど、どれも地震波の解析によって二〇世紀半ばまでにもたらされた発見である。

二一世紀のいま、地震波観測は、全地球を覆う高感度地震観測網にコンピュータ解析の手法を加えて、「地球を見とおす望遠鏡」ともいえる役割を果たしつつある。地震波からあらゆる情報を引き出して地球の断面図（トモグラフ）を作る、地震波トモグラフィーだ。マントル内部の温度分布を調べ、大陸移動やプレート運動を生む壮大なマントル対流の実体図を描き出そうとしている。岩石マントルの最下層である液体鉄の外核との境界部分には、超巨大な高温構造が見つかった。地表でプレートを作ったり巨大火山を生みだしたりする、高温プルームの根元かもしれない。冷えたプレートが落ち込んで溜まった、広大な低温構造も見える。マントルと外核との境界は、高温・低温のマントルが織りなす超巨大な山脈が入り組んだ、すさまじい景色ではないかという。

「地震波望遠鏡」は、さらに外核の内側にまで焦点を合わせる。さまざまに反射・屈折・散乱する微《かす》かな波をとらえ、物質科学の知見を動員して景色を描き出すのだ。内核には、外核の液体鉄から析出した鉄の巨大な結晶が降り積もっているだろう。五〇〇〇キロメートルの足下で、内核の密《ひそ》かな成長が続く。そして内核の中心には、「最内核」が存在するかもしれない。

地球内部への旅の手段は、地震波だけではない。実験室では、三〇万気圧以上の高圧下での岩石や鉄の性質を理解する超高圧実験が進んでいる。またコンピュータの発展は、シミュレーション計算を格段に高度化させた。億年単位のマントル対流の挙動や地球磁場を生む外核の鉄の複雑な流れなど、「地震波望遠鏡」がとらえたシグナルをモデル化して理解するのに、大活躍である。

本文に図版はないが、美しいグラビア写真を多数、巻頭に収めた。視覚情報に訴える一法だろう。誤記や不用意な記述が散見されることは科学書としてやや残念だが、内容にはそれを十分しのぐ迫力がある。

活動し変化する地球が、実体としてぐんと身近に感じられる。

超巨大地震に迫る――日本列島で何が起きているのか……………大木聖子・纐纈一起著／ＮＨＫ出版新書 '11

「思い込み」はなぜ？ 地震学再生への第一歩は

二〇一一年三月一一日の東日本大震災とその後の福島第一原子力発電所事故は、日本人としても科学に関わる者としても、衝撃に打ちのめされた出来事だった。地震に関しては、これほどの大災害について十分警告するどころか、そんなものは起きないとしていた日本の地震学研究の「思い込み」が、社会に過大な安心感を与えていたという衝撃である。加えて原発事故では、科学が重要な役割を果たすべき原子力政策に対して日本の科学者がかくも無力であり続け、電力会社の安全軽視や隠蔽《いんぺい》までも許しあるいは加担すらしてきたという衝撃が大きい。

原発事故については、批判・証言・出版が途切れずに続いている。いっぽう巨大地震では対照的に、科学者からの一般向けの発信は少なかった。それでよいのだろうか。

日本の地震学者の多くが「日本ではあり得ない」と否定してきた、マグニチュード9・0の超巨大地震。それが実際に起き、二万人の犠牲者、広範な市町村の壊滅、深刻な原発事故を招いた。地震学の責任はあまりに大きく、それが地震学者たちを無口にさせているのではないか。なぜこういうことになったのだろうか。原発事故とともに、日本の科学者コミュニティが深刻に検証すべき問題である。岩波書店の雑誌『科学』などへの地震学者の寄稿は衝撃の大きさや反省を述べてはいるが、その多くは断片的だ。今回ようやく地震学者による震災後のまとまった書き下ろしが出たので、さっそく紹介したい。

著者は、東京大学地震研究所の若手とベテランの地震学者コンビだ。若手の大木氏は災害情報論を専門とし、広報・普及活動に取り組む。本書はほぼ大木氏の執筆で、ベテラン地震学者の纐纈氏は第4章を執筆。先に述べた日本の地震学の問題を考える核心部分である。

若い地震学者が体験したドキュメント三・一一から、本書は始まる。超巨大地震はどのようにして起きたのか。巨大津波はどのように発生したのか。専門的見地からの検討や解説をわかりやすくまとめた第2章までは、実際に何が起きたかを理解し、全体像を把握するのに役立つだろう。

第3章では、地震後に観測された地殻変動や火山活動を整理しながら、日本列島について語る。防災について書かれた第5章は若き著者の面目躍如で、大いに示唆に富む。最終章「シミュレーション西日本大震災」は、踏み込みがイマイチだが。

日本の地震学の誤った「思い込み」がなぜ起きたかという核心部分についての、第4章を見よう。日本地震学会地震予知検討委員会編の『地震予知の科学』(東京大学出版会、二〇〇七年)が引用されている。いわく、「アスペリティモデルの提唱によって、地震現象への理解が飛躍的に進」んだ。「「どこに」「どのくらい」の規模で地震が起きるかについては、現在でもほぼ実用的な(長期)予知が出来ている」と、自信満々だ。日本地震学会は日本の地震学を代表し、その見解は政策にも反映される。二〇〇九年に政府の地震調査委員会が地震防災への活用のため公表した『全国地震動予測地図』があるが、これを見ると、今回大震災が起きた東北地方の太平洋岸はほぼ安全。三〇年以内に震度六弱以上の地震に見舞われる確率は、三%以下となっていた。著者本人(纐纈教授)も、「実はそう考えていた」。地震学者たちがいま口をそろえて「根拠のないものだった」と述べる、この楽観論。その上に、「想定外の」地震と津波が襲ったのである。これが、日本の地震学だったのだ。

アスペリティとは、プレートが陸地の下に潜り込む滑り面の中に存在する、部分的に固着して滑りにくいと想定される部分のことである。たとえば海底の山（一般に「海山」と呼ばれる）がプレートに乗って沈み込んでくればすんなりとは沈んでくれないから、それは「アスペリティ」となる。さまざまなアスペリティを想定すると、世界各地の巨大地震帯の違いが説明でき、予測もできるように思われたのだ。その上アスペリティを含む地域ごとにすべり面を勝手に分割したから、地震の規模の想定は非常に小さくなってしまった。今回、この勝手な想定も楽観論も、木っ端微塵《みじん》になった。

本書から、二つのことが見えてくる。一つは、地震学はいまも、過去に起きた事実を基礎に組み立てる「経験科学」の域にあるということだ。アスペリティモデルで統一的に説明できると思ったのは、実は自由度が大きいアスペリティのパラメータを、過去の地震記録に合うように調整していたに過ぎなかった。だから過去の大地震を、先入観のない目で歴史記録を超えて見直す必要がある。たとえば、巨大津波の跡で注目される貞観大地震（八六九年）はマグニチュード8・4とされているが、津波跡の調査は限られており、もっと巨大だったかもしれないといわれる。大地震の痕跡は、活断層、液状化による噴砂面、津波堆積《たいせき》物などの発掘で調査できる。過去に学んで、未来に備えること。今後への期待の一つだ。

二つ目に、地殻のひずみの蓄積量が、やはり重要らしい。東北沿岸の過去の地震では、プレート運動で蓄積されたひずみ量のごく一部が解放されただけではないかという試算もあったという。衛星からの精密測定などで、ひずみ量の広域・定常的モニタも可能だろう。押し寄せ続けるプレート運動で絶えざる圧迫があるのに滑らないでいる状態から突然滑るのは、それがアスペリティと呼ばれようと何であろうと、大規模な「破壊」が起きるときである。破壊というものは物理学的に、いつ起きるか正確な予測ができない。地震が「予知」できないという厳然たる事実が、そこにある。

かつて日本の地震学者は、地震「予知」研究を看板にして数百億円という巨額の予算を獲得してきた。予知は難しいと分ってからも、「予知」の言葉を引っ込めただけでこの莫大な予算は引き継がれた。原子力発電の場合と共通する馴れ合い・ムラ構造がここにもあって、それが厳しい科学的議論を回避し、責任をあいまいにしてきたのである。原子力ムラの場合ほどではなかったにせよ、批判も黙殺されてきた。これら地震学の問題については、次の項でもう一度触れる。

科学のパンドラの箱は、開け放たれなければならない。希望は、それによってのみ残るのだから。

小さな本だが、日本の地震学再生への一歩として評価したい。

日本人はどんな大地震を経験してきたのか——地震考古学入門………寒川旭著／平凡社新書 '11

日本人は知らない「地震予知」の正体………………ロバート・ゲラー著／双葉社 '11

過去を読み解く、地震学を再生する

二〇一一年、マグニチュード7クラスの首都直下地震が起きる確率が四年以内に七〇％という研究結果が、大新聞の一面で報道された。大騒ぎになったがこの数字は不確かで、発表した研究者はもみくちゃ、科学への信頼にも疑問符、という事態に……。警鐘の役には立ったという好意的（？）見解もあるが、科学者のハシクレである私としては、またかと情けない気持ちになる。科学と社会とのコミュニケーションには、大事な要素が三つある。①科学者の明確で責任ある発信、②それを伝えるメディアの正確さと伝達力、③受け取る人々の科学の理解力、である。はしなくもここで示されたように、日本では三つともかなり低い（この場合は特に①）。三者とも、もっと学ばなければ。

日本は、「地震予知」を国策にして莫大な金と人を動かしてきた。「予知」とは、いつ何が起きるかを「予《あらかじ》め知る」ことだ。だが地震は破壊現象だから「予知」はできないと、まともな科学者ならまず考える。

ガラス板を両手に持ち、力を加えて曲げていったとしよう。どの瞬間でどう割れるだろうか。それは、割れるまでわからない（実際にやると危ない）。まして地震の場合は、非常に長い時間スケールで動く巨大

な大地（プレート）の破壊が相手だ。押し寄せるプレートは海溝で日本列島の下に潜り込もうと圧迫を続けているから、地殻の急な破壊と滑りによる地震はいつか必ず起きる。しかし破壊であるがゆえに、「いつ、どのように」を予め知ること（予知）は、不可能である。確率や幅を持たせて推測する「予測」は別に考えなければならないが、それも極めて困難だ。冒頭の空騒ぎのもとになった研究も予知ではなく予測の例だが、なぜか予測幅が極めて小さかったのでマスコミがとびつき、大騒ぎになった。

そのように予測すら難しい大地震だが、過去の記録から学び、おおざっぱな時間間隔や地震の大きさなどを掘り起こすことはできる。一冊目の『日本人はどんな大地震を経験してきたのか』の著者は、地中の痕跡から大地震の歴史を読み解く「地震考古学」を推進してきた研究者である。特に、大地震の際の液状化現象が地層に顕著な痕跡を残すことに注目。各地の遺跡発掘や開発工事の際に地中の記録を読み、歴史文書に残る大地震との照合を進めてきた。過去の著作の中から三・一一を念頭に集成したのが本書で、「地震考古学」の現状を知るのによい。日本人が、いかに絶え間なく大地震や津波の被害を受け続けてきたか。めげない復興の営みとともに、うたれる思いがする。大地震をプレートによる「海溝型」と陸地中心の「活断層型」に分けた記述も、見通しがよい。そしてこれからわかるが、日本全国、地震のない所はない！

なお大津波の痕跡の調査には、長期にわたり地層が堆積《たいせき》する池や湖も有力だ。雑誌『科学』（岩波書店）の二〇一二年二月号は津波堆積物研究の特集で、関心のある方はバックナンバーを。

先に述べた「地震予知」の問題についての見落とせない本が、二冊目の『日本人は知らない「地震予知」の正体』である。

著者は、アメリカ出身の地球物理学者で東大教授。かねてから日本の地震「予知」研究を鋭く批判してきたことでも知られる。三・一一を受けてまとめたこの本には、日本の地震科学と地震行政の驚くべき実態が、てんこ盛りだ。「予知はできないと知っているのに」政府の予知政策の金に群がった「地震予知」研究者たち。東大地震研究所の所長が新聞に語った研究費獲得法の「正直発言」には、だれしも度肝を抜かれるでしょう。

世界中で日本にしかないという「地震予知計画」は、地球物理学の大御所・坪井忠二東大教授らの提唱で、一九六五年から「地震予知研究計画」として始まった。著者によれば、「研究計画は全く杜撰《ずさん》なものだった」。何度も述べるが、そもそも地殻の破壊によって起きる地震は、科学者なら誰でもわかるように、いつ・どこで起きるかを「予知」することはできない。地震の規模を数値化する「マグニチュード」の提唱者であるカリフォルニア大学のチャールス・リヒター教授は、「地震を予知できるのは、愚か者とウソツキと詐欺師だけである」という言葉を残したそうだ。全くその通り。だが日本では、地震学者たちがこぞって、国際的には奇妙極まる「地震予知」にのめり込んだ。

最初の動機は、貧しかった研究費の獲得だったのだろう。ところがこれが年数百億円規模の巨大な予算に膨らみ、数十年にわたって地震学者は「毒まんじゅう漬け」になった。年数百億円といえば、他の基礎科学の全分野の研究者を養える金額である。きっかけの一つは、当時の運輸大臣・中曽根康弘が、「研究計画じゃ予算は大して出ないが、実施計画にすれば一桁上は出せる」と示唆し、この甘い誘いに研究者たちが乗った。そこで予知が可能かどうかを研究するはずが、一九六九年度から「研究」の二文字を外し、学者として最後の良心をかなぐり捨てた「地震予知計画」という実施計画に鞍替えして、超大型予算への道をひた走ったのである。地震「予知」が可能という見通しは、全くなかった(いまでもない)。この政治と科学者の大掛かりな癒着のきっかけを作ったのが、日本の原子力行政から湯川秀樹をはじめとする研究者を排除していった同じ中曽根康弘だったことは、大変興味深い。

もう一つのきっかけとなったのは、いまや忘れ去られている「東海大地震」である。一九七七年、東大理学部助手・石橋克彦氏が、駿河湾を震源とするマグニチュード8クラスの地震が明日にも伊豆・東海地方を襲うかもしれないというレポートを、地震予知連絡会に提出した。これで東海地震パニックが起き、地震学者がまた飛びついた。科学的根拠があいまいなのに国策として巨額の「東海地震予知費用」がつぎ込まれ、地震予知計画はますます膨張した。地震研究者たちの言い訳は、「観測網が整備されるから、いずれ予知につながるかもしれない」というものだったという。たしかに測定点は駿河湾を中心に飛躍的に強化されたが、東海地震はまだ起きていない。警戒すらされていなかった阪神・淡路や東日本という別の地域で巨大地震が起こり、甚大な被害をもたらしたのである。

こうした状況にもかかわらず、「予知」の名をこっそり外したり表札を変えたりしながら、この予算はいまも存続している。その裏には、原発の場合と似た学・官・政の「地震予知ムラ」がある。

「予知」を公然と批判し孤軍奮闘してきた著者は、地震研究の意義は大いに認めつつ、国策としての「予知」研究の廃止と震災対策の強化を求めている。反論できる地震学者は、いないだろう。

火山入門――日本誕生から破局噴火まで……………………島村英紀著／NHK出版新書　'15
できたての地球――生命誕生の条件……………………廣瀬敬著／岩波科学ライブラリー　'15

地球史を貫くからくり「プレート運動」

地震国であり火山国である、日本。そのことがいまほど広く認識され、関心が深まったときはあるまい。悲惨な災害を重ねた結果だが、それを無にしないためにも、この認識を大切にし広めたい。自然の力は巨大で、永い時間にわたる。人間にできるのは、過去に深く学び、科学の力で読み解いて未来に備えることとなのだから。

ここで紹介するのは、火山研究の大家による日本の火山についてのゆきとどいた入門書と、最前線の地球科学者による初期地球についての熱くて新鮮な研究である。この二冊からは共通して、地球の長い歴史を貫く巨大なからくりが、くっきり見えてくる。それが、「プレート運動」だ。

『火山入門』によると、世界の陸上火山の一四％が、この狭い日本に集中している。またマグニチュード6超の大きな地震の二二％は、日本周辺で起きている。この集中の原因は、三・一一以来おなじみになった「プレート（地殻）」の運動にある。プレート同士が衝突し片方が他方の地下へもぐり込む現場はチリやインドネシアなど世界中にあり、そこでは地震と火山がつきものだ。中でも日本は、四枚のプレートが集中してせめぎ合う、世界でも珍しい場所だ。『火山入門』は、まずそういうプレートの理解を示し、それに基づいて日本列島の特徴を説明する。地震はプレートの運動で起きるが、日本の火山も、プレートが地下深くに潜ることで生まれたマグマが地上に吹き出すもの。つまりプレート運動・地震・火山は、セットなのである。日本列島自体、数億年にわたるプレート運動と火山活動で作られた。地形、土壌、気候、植物、水質など日本列島の成り立ちの整理が、わかりやすい。

章立ては、「日本を脅かしてきた噴火と火山災害」「どんな大噴火がこれから日本を襲うのか」と続く。最大規模の単独火山噴火のさらに数百倍も大規模な、「カルデラ噴火」についてページが割かれているのは、もっともだ。箱根の芦ノ湖をはじめ十和田湖、摩周湖など日本の風光明媚《めいび》な山上湖は、ほとんどが巨大噴火、つまりカルデラ噴火の跡だ。北海道から九州まで、過去一〇万年に一二回の巨大噴火があった。一万年に一回強だから可能性が高いとはいえないが、起きれば壊滅的な災害をもたらす。日本人として、十分に知っていたい事実である。

「危ない火山は意外に近くにある」の章では、火山の監視や警報の現状を概観し警戒すべき火山を挙げる。やはり富士山は要注意だ。噴火すれば火山灰だけでも首都圏の交通・通信網が一気に遮断されて壊滅的被害を受けるが、現在、対応には全く手が付いていない。

最終章「火山とともに生きていく」では、火山には個性があり、過去の噴火記録も乏しくて予測が難しいことが、例を引いて説明される。警報・予測を担当する気象庁にも、厳しい批判が投げられている。二〇一五年の『国連世界防災白書』は、潜在的に起きうる噴火による経済の「平均年間損失」を発表した。日本の損失は約一兆円で、ダントツ世界一。主に火山灰被害の積算だが、火山災害への備えの重要性がわかるというもの。だがどうも政界や財界の人々には、こういう数字は見えないらしい。

『できたての地球』でも、まずプレート運動が登場する。もちろん、全地球的現象としてのプレート運動の紹介だ。

プレート運動は、実は地球内部の熱を宇宙に逃がす「冷却マシン」である。プレート運動は海がなければ生まれないだろうという。なぜか。海水が海底のプレート＝地殻を効率的に冷やす結果、重くなった地殻が地下に潜り込み、それが地球規模の対流＝マントル対流を引き起こしているからだ。とすれば、プレート運動の誕生は、地球の海の誕生とほぼ同じころと考えてよいことになる。地球の生命の誕生も、海の誕生と同じころと考えられている。これは面白い。海とプレート運動と生物とが、セットになるわけだ。

海の誕生は、地球そのものの誕生期にさかのぼる。当時たくさんあった原始惑星の一つが地球に衝突して月が生まれた直後、およそ四五億年前ころではないかという。この大衝突で地球の表面は融《と》けてマグマの海になったが、それが一〇〇〇万年ほど（四五億年と比べればあっという間だ）で冷えると、大気中の水蒸気が凝集して、海を作った。このころはまだ大きな隕石《いんせき》が盛んに落ちてくるので、初期の海はできたり消えたりする。だが四〇億年前までには安定して、プレートが動き出し、生命が生まれた。

プレート運動は、数億年の長い時間サイクルで繰り返し大陸を分断し、また衝突させた。地形を変え、気候も変え、また大陸で起きる大規模な浸食は海にミネラルなどの栄養を供給し、こうして長期にわたって生物進化を促してきたと考えられるという。最近二〇〇〇万年ではわが日本列島を作り、いまも火山と地震を起こし続けるプレート運動。大変な活躍なのだ。

本書の著者が所長を務める東京工業大学の地球生命研究所は、地球科学を中心に生物学、化学、天文学など広い分野の研究者を集めて、地球と生命の誕生という大テーマに取り組んでいる。地球の水がなぜ少ないのか（実は太陽系全体を見れば、水はイヤというほどあるのだ）という疑問に、地球コアの鉄に大量の水素が吸収されたからという面白い仮説で挑む。あるいは、生命は四〇億〜四五億年前、原始大陸の浅瀬で誕生したという仮説を展開する。鋭い問題意識で研究を進める異色の研究所で、本書はその紹介でもある。新しい分野と新しい研究の息吹に触れるのが、また楽しい。

富士山――大自然への道案内……小山真人著／岩波新書　'13

火山学者による富士山ガイドブック

富士山はどこから見ても美しく、いつ見ても楽しい。〝天地《あめつち》の分れし時ゆ神《かむ》さびて……〟と『万葉集』でも讃えられた富士だが、どうやらこの美しい姿、一〇万年の歴史の中で見ると、ごく最近だけのものらしい。

二九〇〇年前、当時は二つあった富士山のピークの一つ（古富士火山）が山体崩壊を起こし、いまの御殿場一帯を広大に埋め尽くした。縄文末期のことで、かなりの犠牲者が出たことだろう。その後の噴火活動でさらに姿を整えたのが、いまの富士山だという。それも山頂からだけではなく山腹のあっちやこっちから溶岩を流し、火山灰を積もらせ、土石流を起こし、谷を刻み土砂を流した。そうした無数の活動の積み重ねが、いま私たちが見る富士山と、なだらかに広がる裾野の自然を作っている。

こうした富士山の活動や歴史を、海岸を含む周囲から山頂までくまなく地質見学ハイキング形式で案内してくれるガイドブックが、本書である。口絵には豊富なカラー写真。六つのコースで富士を一周し、この類いまれな火山が刻んだ空間と時間を旅する。最後の第七コースは、もちろん山頂だ。

富士山は、これまでもこれからも変化を続ける。その変化がもたらす恵みや災害に、私たちは向き合ってゆく。それを実感できる本である。

日本の地下で何が起きているのか……………………鎌田浩毅著／岩波科学ライブラリー '17

大災害への対策は立案されていない

日本全国、地震の巣である。火山活動も地震と連動する。頭ではわかっていたこととは言え、阪神淡路、東日本、熊本や鳥取や北海道の地震、また二〇一四年の御嶽山を筆頭にひき続いた火山噴火で、つくづく身に染みた。まずは大地震と火山噴火の全国的な可能性と想定被害とをわかりやすく発信することが肝要だろう。本書は、そうした総合的な発信の一つである。

差し迫ったとされる南海トラフ地震。几帳面に繰り返されてきたことが、歴史の記録からわかっている。これが起きれば大津波を伴って東海から関西・四国・九州にかけての大都市・交通を軒並み直撃し、日本にはかり知れない大打撃をもたらす。大正の関東大震災のような首都直下地震も、いつ起きてもおかしくない。富士山の噴火は東海関東の交通を全面的に遮断するだけでなく電源網やネット通信も直撃するが、対策は立案されていない。こうした間近に起こり得る大災害は、本書でほぼ網羅的につかめるだろう。可能性はやや低いがけた違いに壊滅的な、巨大カルデラ噴火にも触れる。

著者は「科学の伝道師」を自任し地震・火山災害の啓発活動に精力的に取り組む。だがいま欠けているのは、肥大化した現代社会が被る大災害に日本全体で対応する強力な政策の提案・推進ではないか。その点、本書は残念ながら食い足りない。関係者の真摯な努力に期待するや、切である。

地震は必ず予測できる！……村井俊治著／集英社新書'15

専門家と「門外漢」のギャップの大きさ

仕事に追われ、遅れてこの原稿を書いている今日は、三月一一日。金輪際忘れられない、二〇一一年の東日本大震災と原発事故の日だ。

本書の著者は、ネットを通して自前の地震予測活動に取り組む東大名誉教授で、測量工学の専門家である。タイトルはセンセーショナルだが、「予知」ではなくある程度幅のある「予測」としているところ、とりあえずは好感がもてる。では、どの程度の予測ができそうなのだろうか。

国土地理院（国土交通省付属）は、測量の基準点として全国一三〇〇カ所に電子基準点を設置し、人工衛星を使ったＧＰＳ（カーナビやスマホでもおなじみ、一般名称はＧＮＳＳ）計測による位置データを公表している。著者はこのデータを利用し、電子基準点の日々の位置変動とその蓄積を分析してきた。その結果、東日本大震災を含めて最近の大きな地震のほとんどで予兆となる地表変動をとらえたと考え、ネットで発信している。本書はそれらの具体的なデータを多数示して、大地震はある程度の時間幅で予測できると主張するものだ。

地震や地球科学の「素人」を自認する、著者。大学退職後にふと取り組んだＧＰＳ利用の地表変動計測から、大きな地震の一〇日から数カ月前に、特徴的な一時的変動が起きることに気付いた。しかし地

著者が地震の専門家ではないので置いておいてもよい（おそらく専門家にも困難だろう）。問題なのは、提示されているのがどれも限られた期間のデータであることだ。「前兆」が本当に前兆であるには、地震が起きていないときには「前兆」とされる変動も起きないことを明示することが、肝心である。本書を読む限り、それは示されていない。これでは、「前兆」とされる変動の統計的重要性は判断できないのである。これは自然現象の統計においては基本的なことで、すでに百年前に優れた物理学者で随筆家の寺田寅彦（三九～四五ページ、次項参照）が、自然現象を統計的に調査するときには「ある短い期間については著しい周期性を得るにもかかわらず、あまり長い期間をとるとそれが消失するようなことがある」として、短い期間のデータから得た統計的現象には注意するよう促している（寺田寅彦「厄年とetc.」）。その他、進展が著しい地球科学と地震のメカニズムをどれほど踏まえているかあやふやな記述が散見されるのも、残念なことだ。「門外漢」とすましていられることではあるまい。

付け加えれば、この種の「地震予知」「地震予測」ができるという主張は、これまでもたくさん現れては消えてきた。有名なのはギリシャにおける地電流の異常による予知成功の報告、日本では空中電波の異常による地震予知成功の報告などがある。だがその後の大きな地震は、こうした方法では予知も予測もされなかった。業績中心に動き長期的視点での研究に踏み出しにくい専門家と、社会のために何とかしたいと頑張る「素人」の科学者との間のギャップは、大きい。

天災と国防……………………………………寺田寅彦／講談社学術文庫 '11

地震と火山——正しく知って、正当に恐れよう

二〇一一年三月一一日の東日本大震災・福島第一原子力発電所事故ほどに私たちの心を奪い、日本の社会と科学を揺さぶった事件は、近ごろなかった。その後、堰を切ったように原発とその安全性への疑問や告発が発信・刊行され、やや遅れて地震・火山についても出版が続いている。私はその一端を自戒も込めて紹介してきたが、何か食い足りない気分も、ずっと残ってきたのである。その理由が、本書に集められた寺田寅彦の自然災害に関する随筆を再読してみて、少しつかめたように思われた。それは、人間社会までを含めた大災害の分析の深さの問題にあるようだ。

本書も、三・一一後の出版の一つである。いうまでもなく寺田寅彦は、明治末期から昭和初期に活躍した物理学者・海洋学者・地球物理学者だ。数多い卓抜な随筆でその名を知る人は多いが、なにしろ百年も前の人で、百年も前に書かれた考察である。にもかかわらず大震災後、寅彦の名は「天災は忘れたころにやってくる」という有名な警句とともに、あちこちで引用された。この警句は寅彦の弟子で気象物理学者・随筆家の中谷宇吉郎が寅彦の言葉を組み合わせて作ったものだが、じっさい、天災というものの人間社会での位置づけをこれほどまでに露わにしたキャッチフレーズはないだろう。

日常の現象から音楽・美術論まで多彩な分野にわたった寅彦の随筆は、長く愛読されてきた。どのテ

ーマをとっても、広範囲にわたる考察が透徹した科学的精神で貫かれている。それでいてわかりやすい随筆として読ませるという、驚くべき組み合わせ。そこから、百年後の私たちをもハッとさせる視点が提供されるのである。

本書に集められた中から主に三つの随筆を、書かれた年代順に引こう。

「地震雑感」は、関東大震災の翌年、一九二四年のもの。この大地震の時寅彦は、都心のレストランで昼食中だった。冷静に梁の軋みなどを観察し、さて出ようとしたら客もボーイもみな逃げてしまっていた(寅彦の日記)。都内の被害を調査した寅彦は地震より火事による被害がはるかに大きいと気づき、大火災について研究するのだが、この随筆では地震学について書いている。当時の地震研究が個々の現象への興味に分断され、「本当の意味の地震学というものが成立していない」と批判した上で、次のように考察を進める。①地震のたびに「震源」はどこかと騒がれるが、大地震の場合震源は一個所ではなく、一地域でもないかもしれない。②地殻の変形を起こす横圧力について、「地震の根本的研究はすなわち地球特に地殻の研究」であるから、ウェーゲナーの大陸移動説も捨てるべきでない、という。地震・火山が大陸移動説の現代版であるプレートの横ずれ運動で生じることは、いまや常識だ。だが当時、大陸移動説は世界的に顧みられることは少なかった。これを日本に初めて紹介したのが、寅彦である。日本列島が横ずれ運動で大陸から分離して生まれたとする、極めて先駆的な研究まで行っている。最後に、③「地震の予報」。寅彦の結論は、大地震を地域と数年の期日を限定して予知できるかどうか「根本的の疑いを抱いている」。三・一一により、ようやく日本の地震学の公式の合意となった見解である。さらに「予報の問題とは独立に、地球の災害を予防する事」が重要で、「この問題に対する国民や為政者の態度はまたその国家の将来を決定するすべての重大なる問題に対するその態度を覗《うかが》わしむる」と結んでいる。現代日本の私たちには、耳が痛い。

本書のタイトルでもある「天災と国防」の稿(一九三四年)は、災害の考察を発展させた寅彦の災害論の中核だ。寅彦は地震、火山爆発、台風のような自然災害について、「文明が進めば進むほど天然の暴威による災害がその程度を増すという事実」を指摘した。日本で最初の災害文明論である。いま電気や水道、交通などの都市インフラに加え、輸送や情報など、当時の想像をはるかに超えて文明は進んだ。しかし「文明が進むほど災害はその程度を増す」という寅彦の指摘は、最近の大阪府北部地震や北海道胆振《いぶり》東部地震(いずれも巨大地震ではない)の被害を見ても、痛いほど的確である。これに関して寅彦は、「天災に対する国防軍」の創設を提案した。当時として、大胆にして思い切った提案。「日本のような特殊の天然の敵を四面に控えた国では、陸軍海軍の他にもう一つ科学的国防の常備軍を設け、日常の研究と訓練によって非常時に備えるのが当然ではないか」。軍事上の愛国心も結構だけれど、「人類が進化するに従って愛国心も大和魂も進化するべきではないか」。災害のたびに莫大な補正予算を組むだけのいまの政治家は、何と聞くだろう。

三つ目に取り上げたい随筆は、「災難雑考」だ。一九三五年、寅彦の死の数カ月前に書かれた。つり橋の落下で女学生が多数命を落とした痛ましい事件から、寅彦の筆は飛躍してゆく。地震や台風などさまざまな「災難」があるが、その「現象」と「災害」とは区別しなければならない。「災害」は、人間の工夫でどんなにでも軽減される可能性がある。ただ、地震でつぶれた建物の調査は必要だがそれを建てた責任者を追及しすぎれば、形式的な「責任」表明、はなはだしくは隠蔽《いんぺい》に走る。それでは同じ災難が繰り返し起きることになる。そう考えてゆくと、「災害」は人為的なものであるためにかえって、人間というものを支配する不可抗力的な法則のために繰り返されるのかもしれない。これは「机上で考えていたような楽観的な科学的災害防止可能論に対する一抹の懐疑」で、それを解く鍵はまだ見つからないという。寅彦の随筆としてはめずらしいペシミスティックな見解に、ドキリとさせられる部分だ。

浅間山の噴火を見た寺田寅彦は、「小爆発二件」で書いている。「ものをこわがらな過ぎたり、こわがり過ぎたりするのはやさしいが、正当にこわがることはなかなかむつかしい」。いまは地震や火山のメカニズム、台風の進路や降雨の予報など、災害をもたらす自然現象の理解は飛躍的に進んでいる。にもかかわらず現代日本の防災・減災政策は、まことにお寒い。日本社会は、いつかは必ずやってくる自然の大災害を、「正しく知って、正当におそれる」ことができるかを問われている。「正当におそれる」とは、予測される災害に対抗する防災・減災対策を含めてはじめての、「正当」である。それとも寅彦が随筆の筆を進めながらふと抱いた人間社会への懐疑は、ますます影を濃くしてゆくのだろうか。

土——地球最後のナゾ……藤井一至著／光文社新書 '18

軽快に読める、身近で知らない世界への案内

ずいぶん前だが、「土壌とは微生物などの生物活動がある土をいう」と書いてあるのを読んだことがある。土の生産性を考える土壌学の基本だそうで、これが専門ということだなあと感心した。ではコンクリートに覆われた都会の土は土壌と呼べるのかと、余計なことも考えた。そんな土地は食糧生産に縁がないから、土壌学の対象外だろう。でも、気になる。

私たちは日々、土壌に接している。それに毎日の食物では日本中、いや世界中の土壌にお世話になっているのだが、土壌について私たち消費者はよく知らないし、一般向けの本も少ない。この本は若い土壌学者による、なかなか貴重な二冊目だ。愛用のスコップを振るって撮ってきた世界の土壌の断面のカラー写真、わかりやすい土壌の科学の解説がある。土壌の進化や風化による変化と喪失、生産性など、私たちが知らずにいたことが満載の、それでいて軽快に読める土壌案内である。食について関心を持たれる方も含め、ぜひ一読を。

土壌の世界は、広くて深い。身近な黒い土をスプーンに一杯とると、その中には五〇億のバクテリアと、つなげれば一〇キロメートルもの長さになる菌糸（主にカビやキノコなどの菌類が形成）が活動しているそうだ。彼らは、地上から伸びてくる植物の根と栄養のやり取りをし、どちらも利益を得て生きてい

る。地球生物が陸に上がってから四億年をかけて築いてきた、複雑な共生関係だ。だから、土壌にはまだわからないことが多い。

その土壌を生み出すのは、岩石の風化と生物活動だ。地質的環境、気候、地表の古さ、表面の植物と地下の腐食、ミミズやジリス(地リス)も加わっていろいろな土壌が生まれる仕組みが、実に面白い。

いっぽうで、地球上には一二種類の土壌しかないそうだ。地域によっていろいろに呼ばれていても、成り立ちや腐食・粘土成分などの分析をまとめると、一二種類になる。著者は一二種の土壌を全部現地で見てやろうと、乏しい研究費をやりくりしながら果敢に世界を飛び回った。

この本のテーマには、そうした世界の土壌の紹介とともに、いずれ一〇〇億人になる世界人口を養える土壌はどれか、という問いかけもある。いま七〇億の地球人の多くを食べさせているのはチェルノーゼムと呼ばれる最も肥沃な土壌で、ウクライナを中心とした穀倉地帯が有名。アメリカ・カナダに拡がる広大なプレーリーや南米のパンパなどにも分布する旧い土壌で、残念ながら日本にはない。多くは大規模農地・牧草地になっていて、日本の私たちにもパンと肉を提供している。だが大規模農法が続く中で収量は停滞し、風害による土の損失も大きい。

では、他の土壌ではどうか？　著者は一つひとつ検討してゆくが、明確な答えは見つからない。

気になる日本の土だが、黒い日本の土は「黒ぼく土」と呼ばれ、かなり日本限定だ。黒いから生産性が高いかと思ったら、農業用としては「不良土」だそうだ。頻繁に火山灰が降り裏山から新しい土壌が流れ込んで、土としては常に新しい。それでいて植物の旺盛な働きで酸性度が高く、そのため栄養は豊富なのに栽培作物には吸収しにくい。ただ水耕農法では、田の水がうまく栄養を供給する。水耕農法は山と水が豊富な日本にはよいことずくめだが、その水田も後継者不足などで危ういという。

著者は「スコップ一本でできる研究」にこだわりながら、一〇〇億人の食を支える土壌を求め、国際委員会のメンバーにもなって活躍し、軽いノリで書く。まさに新時代の土壌学者なのだろう。コンパクトながら、日々の食卓を支える土壌について、国際的視野でも考えさせてくれる。

ビジュアル版 氷河時代——地球冷却のシステムと、ヒトと動物の物語

……………………ブライアン・フェイガン編著、藤原多伽夫訳／悠書館 '11

私たちが暮らす「氷河時代」の不安定な性質

タイトルのとおり、ビジュアルな大型本である。地形・化石・遺物の迫力あるカラー写真や過去の氷床分布などの図、専門家がそれぞれの分野から語る本文とで、氷河時代の様子や原因が説得力をもって展開される。

なぜ、氷河時代が大事か。いま話題の地球温暖化を考える上で、氷河時代に繰り返された急激な気候変動は、重要な参考になる。さらに重要なのは、私たちがまだ氷河時代に生きているということ、そして氷河時代の気候変動こそが現代の人類文明を生んだ舞台装置だったということだ。

「氷河時代」と「氷期」はよく混同されるので、まず整理しておこう。氷河時代とは、地球が全体に

寒冷で大陸に大規模な氷床が存在する時代をいう。これに対する無氷河時代は、大陸に氷床が全くない、温暖な時代である。氷河時代と無氷河時代は、ほぼ数億年という長いサイクルで交代を繰り返してきた。南極とグリーンランドに大氷床が拡がるいまは、まさに氷河時代なのだ。

そして氷期と間氷期は、数百万年続くそれぞれの氷河時代の中で繰り返す、短い寒冷期と温暖期だ。現在の氷河時代は二五〇万年で三〇回以上の氷期・間氷期を繰り返してきたが、私たちは、一万年ちょっと前から始まった間氷期にいる。直前の氷期(寒さが特に厳しかったウルム氷期)を最終氷期と呼んだり、まるでもう氷河時代が終わったように書いたりする本も多いが、前に述べたように氷河時代そのものはまだ終わっていない。この現在形の氷河時代が、この本の主役である。

ところで現代の気候変動の解釈の難しさは、氷河時代が持つ激しい性質をよく見ればうなずけることである。氷期・間氷期の繰り返し周期は、以前は平均四万一〇〇〇年だったが、最近一〇〇万年間では約一〇万年周期になった。こうした変動の周期は、ミランコビッチ・サイクルと呼ばれる地球の太陽の軌道・位置関係の周期変化で説明される。さらに、平均周期がおよそ七〇〇〇年の急な寒冷化(ハインリッヒ・イベント)と、平均周期一五〇〇年程度のさらに小さいが急な寒冷化が繰り返し起きてきた。後者は間氷期にも起きるし、時間スケールで見れば現代の温暖化とも関連してくる変動である。これら短期的な変動は、不安定な大陸氷床が崩壊し海流が変化することなどで起きるらしい。こうして、氷河時代の気候は暖かい間氷期も含めてとても不安定だという事実が、はっきり見えてくる。

本書の前半では、氷河時代の研究史、その原因、一〇〇メートル以上もの海面変動など氷河時代における地形や気候や植生の急変化が語られる。後半は、直近の氷河時代の中で出現し、厳しい氷期ものり越え気候変化に適応して進化してきた人類と動物、何よりも人類文明出現の物語だ。豊富な事例とイラスト・資料写真は、博物館にいるような臨場感を与える。

氷河時代の激しい気候変動は、人類にさまざまな局面で決定的影響を及ぼしたことがわかっている。特に一万四〇〇〇年前からの急激な温暖化で生まれた肥沃な低地に人類は進出し、農耕や牧畜で食料を増産して繁栄した。ところが一万二〇〇〇年前に急な寒冷化(ヤンガー・ドリアス期と呼ぶハインリッヒ・イベントの一つ)が起き、一〇〇〇年も続いた。低地は乾燥し、人々は必要に迫られて灌漑《かんがい》農耕を発明した。それはやがてメソポタミアの都市文明を出現させ、世界各地でも農耕と食料集中による都市文明が生まれていったのである。

本書が繰り返し説くように、氷期の寒冷化には数万年もかかるいっぽう、間氷期は急激な温暖化で始まる。このことは、記憶にとどめたい。氷河は積雪と融解のせめぎ合いで緩慢にしか成長しないが、温暖化は氷床の後退と海水面上昇が相互に作用して加速するなどのため、数千年以内に完了する。そのことを、氷に残された気温変化の記録は鮮明に語るのだ。

人為的気候温暖化論にまだ懐疑的な読者がもしあれば、最終章はあるいはもの足りないかもしれない。しかし本書は、各分野での研究の成果を実に多面的にまとめたものである。氷河時代と気候変動の理解がすでにかくも深く具体的なことに、読み終えて感銘を覚える読者も多いのではないだろうか。

10万年の未来地球史 ……………………カート・ステージャ著、小宮繁訳／日経BP社 '12

「始めてしまった」温暖化の行方を見極める

本書の表題に、「そーんな先の話?」と思う方もあろう（原題はDeep Future）。だがこれは人為的地球温暖化問題に関心を寄せる読者には、新鮮な現在的視点を提供する本である。

IPCC（気候変動に関する政府間パネル）による人為的気候温暖化への警鐘にはさまざまな立場から批判があったが、IPCCもデータの扱いなどを改善し、気候モデルの改良はかなり進んだ。日本では深刻な福島第一原子力発電所事故で議論がやや下火だし、「原子力と環境と、どちらをとれば?」と悩む方もあろう。アメリカのトランプ政権は、IPCCと科学とに完全に背を向けた。それでも、人為的気候温暖化が現代の大きな課題であることに変わりはない。

気候変動の研究者で『ナショナルジオグラフィック』などに寄稿するサイエンス・ライターでもある著者は、未来に対して現実的、かつ科学者らしくポジティブな目を向ける。性急な温暖化論議に飽いた読者にも、新鮮に違いない。

この特徴ある本の方針を二つあげるなら、一つは、過去を基盤とした未来への長期的な視点だ。太古の気候変動の具体例を深く探り、それを踏まえて、気候モデルを援用しながら長期にわたる未来への影響——二酸化炭素濃度、気温、氷床、海水面上昇、海の酸性化、などの変化を考える。とりわけ、前回の間氷期であるエーミアン期の詳しい気候データが得られたことは大きい。また、現在の氷河期よりもはるか昔、五五〇〇万年前に起きた急激な超温暖化期であるＰＥＴＭ（暁新世・始新世境界温暖化極大イベント）も取り上げて、現代の温暖化問題に極めて適切と思われる指標を与えている。

二つ目の方針は、人間活動による二酸化炭素排出量の削減について、「控えめケース」と「極端ケース」の二つを並列して議論を進めたこと。「控えめ」は、現在三八七ｐｐｍに達している大気中の二酸化炭素濃度をすぐに下げようとしても現実的でないとして、二一〇〇年代の五五〇～六〇〇ｐｐｍをピークに二酸化炭素濃度を抑え込み、二二〇〇年には排出量をゼロにするモデルだ。ＩＰＣＣの「低排出Ｂ１シナリオ」に相当する。実は過去に人間活動で排出された二酸化炭素で、気温や海洋の汚染はもう後戻りできない上昇を始めている。「控えめケース」でもかなりな影響が、それも数万年も継続するという。

もう一つの「極端ケース」は、二酸化炭素の排出削減などやめて、自然が地下に蓄えてきた五〇〇〇ギガトンの利用可能な炭素燃料をすべて燃やし尽くす場合だ。それ以上二酸化炭素は増えようがないという、豪快（?）なもの。これだと紀元二一〇〇～二一五〇年という近未来に、二酸化炭素濃度は一九〇〇～二〇〇〇ｐｐｍのピークに達する。影響はもちろん非常に大きく、一〇万年をはるかに超えて残る。

エーミアン期は控えめケースの、超温暖化期ＰＥＴＭは極端ケースの、それぞれモデルとなる事例である。気候現象は複雑で理解途上だから、未来予測は難しい。だが過去に起きた事実は、未来への鏡になる。実際、この事例比較には説得力があるといえよう。

過去二〇〇万年以上にわたった氷河期では、氷期と温暖な間氷期が何度も繰り返された。その変動の原因は太陽と地球の位置関係によって地表を熱する太陽放射量が周期的に変化する（ミランコビッチ・サイクル）ことにあり、二酸化炭素は直接の犯人ではない。一三万〜一二万年前のエーミアン間氷期では温暖な気候が数千年間続いた後、徐々に寒冷化した。温暖期を通して海水面はゆっくりと、七メートルほど上昇した。サハラを緑にした降水増加、テムズ川を泳いでいたカバなど、著者は当時の世界を、臨場感たっぷりに楽しませてくれる。このときの二酸化炭素濃度は三〇〇ｐｐｍ程度だが、現代の温暖化の控えめケースのモデルとして十分に参考になる。

五五〇〇万年前のＰＥＴＭは地表への太陽放射量変化とは別の原因で起きたもので、さらに興味を引く。すでにかなりの温暖期だったが、あるとき二酸化炭素濃度が突如増えはじめ、数千年で地球全体の気温は五〜六度も上昇。この高温状態はおよそ一七万年続き、海では大規模な酸性化が起き、底棲《ていせい》の有孔虫などが大量に死んだ。この温暖化の原因は、自然に起こった二酸化炭素かメタンの大量放出だろうという。温暖化ガスの急増による温室効果で、地上から氷床が消滅して海面が七〇メートルも上昇するという「極端ケース」が招く状況が、実際に存在したのだ。規模も含め、まことにピッタリの事例である。

ところで大気中に出た二酸化炭素は、なかなかなくならない。二酸化炭素循環の研究で、海による吸収作用の限界がわかってきた。二酸化炭素が減らないと気温は下がらず、氷床は解け続け海水面は上昇し続ける。そうした影響が控えめケースでも数万年、極端ケースでは二〇万年に及ぶというのも、本書の重要な視点だ。そして過去の事例も、それを裏書きしている。

気候変動の影響は、じわじわと進むので目に見えない。長期的に考えなければならない点が難しい。

それに温暖化の影響には、人間にとってネガティブな面ばかりでなくポジティブな面もある。とはいえ現在の問題に即していうなら、人間が文明を築いて地球上にあふれかえってしまった結果、少しの気候や環境の変化も農業をはじめとする人間活動に大打撃を与えるというネガティブな面が大きい。

面白いことに著者は、例のミランコビッチ・サイクルで本来なら五万年後に訪れるはずの次の氷期は、人為的な二酸化炭素の増加ですでに食い止められてしまったと考えている。つまり、次の氷期はスキップされてしまうかもしれない。これには、太陽・地球関係の変化のタイミングも与《あず》かっているようだ。

いずれにせよ、私たち人間がもう「始めてしまった」温暖化の影響は、少なくとも何万年という長期にわたって続く。だからその行方をよく見て、対応する努力と相応の投資が必要だと、著者は説く。それは、正しいだろう。だがいまの世界にその力はあるだろうか。

NASA——宇宙開発の60年……佐藤靖著／中公新書 '14

人類は宇宙にどう挑み続けるのか

NASA（アメリカ航空宇宙局）といえば、宇宙空間を舞台にした華やかな活動が思い浮かぶ。一九六九年に人類を月面に立たせたアポロ計画は、NASAのすばらしいスタートを印象付けた。続いてスペースシャトル、国際宇宙ステーション（ISS）、太陽系の姿を一変させた数々の太陽系探査、それにハッブル宇宙望遠鏡などによる大気圏外からの宇宙観測の成果。二〇世紀後半の人類のめざましい宇宙進出の歴史は、そのままNASAの歴史といって過言ではない。

しかしそのNASAはいま、「明瞭なミッションを失い、長期的な方向性も定まらない」。漂流しかけていると、著者はいう。輝かしいNASAは、どこへ行ったのか。宇宙への発展は、二一世紀も人類の夢であり続けるだろうか。

宇宙工学を学びペンシルヴェニア大学で科学史・科学社会学の学位を得た新進気鋭の著者が、NASAの軌跡を丁寧に追った。米ソ冷戦の中で生まれ、その中で急成長したNASAは、人員約二万人、年間予算は二兆円に近い。この巨大組織は、ゴダード、マーシャル、JPL、エイムズなど十指に余る研究・開発・事業組織を擁する。それぞれが日本の宇宙航空研究開発機構（JAXA）の全体に匹敵する規模である。これら各組織がまた異なる出自と歴史と得意分野を持ち、激しく競い合いまた協力し合いながら、ＮＡＳＡの事業を進めてきた。だからこそ、月をはじめ宇宙への進出という人類未踏の大事業が可能だったと、著者はいう。欠陥や紆余《うよ》曲折はあろうとも、この大事業をリードしてきたアメリカの人々に、率直に敬意を表したい。著者の分析は各時代の長官の立場、組織間の競合、選挙区の雇用に敏感な政治家の介入にも及び、ドキュメンタリーとしての面白さもある。

ソ連のスプートニクに対抗するため慌てて作られたＮＡＳＡだが、「非軍事」及び「科学目的と科学者の参画」を法律で明記していることに、心を留めたい。「非軍事」は、公開と透明性は科学的事業の根幹だという確固たる姿勢によるものだ。日本も見習うべきだろう。

とはいえＮＡＳＡは非軍事部門での東西対立の先端にあり、政治と不可分だった。アポロ計画、スペースシャトル、宇宙ステーションというＮＡＳＡの根幹的大プロジェクト（それが本書の章立てにもなっている）は、すべて大統領の直接決定だった。

アポロ計画の実施による急成長、予算を使いすぎたことによるその後の反動、新たな目標設定と重大事故、組織の見直しや巨大予算への批判の拡大と、淡々と記述は進む。その中から、ＮＡＳＡの位置の低下、加えて宇宙への進出という基本テーマそのものが抱える問題が滲《にじ》み出る。漂流しかけているのは、実は超大国アメリカそのものだ（トランプ政権でそれは明白になった）という面から見れば、ＮＡＳＡの「漂流」はその科学面での反映でもある。実際面では、欧州やロシア、日本、中国などが宇宙技術・宇宙科学の力をつけてきたことも、変化の一因だ。さらに本質的な要因として、ナノテクノロジーやゲノム医療・生命科学、温暖化問題を含む環境科学といった、宇宙以外の「生活と生存により直接的にかかわる大型科学」への関心の高まりもある。いずれも、自然な流れだろう。

それでもＮＡＳＡは依然強大であり、人々はＮＡＳＡに大きな希望を託している。いまＮＡＳＡを支えているのは「漠然とした期待感」だと、著者はいう。それは、人類が夢見てやまない新しい世界、未来への期待感だろう。いまＮＡＳＡで大いに気を吐くのは、大気圏外からの宇宙の観測と太陽系探査だ。膨張宇宙の起源や地球外生命の探査など、新たな科学的テーマへの期待も膨らんでいる。実現はまだ先ではあるが火星などの有人惑星探査も、やがて見えてくるだろう。そうした期待を背に、地道な国際共同を拡げ、宇宙への挑戦を全人類の課題としてリードしてゆくＮＡＳＡを見たいと思うのは、著者や私だけではないだろう。

MARS(マーズ)――火星移住計画…………レオナード・デイヴィッド著、関谷冬華訳／日経ナショナルジオグラフィック社 '16

夢のまた夢 でも未来への夢を描く

「火星移住」と聞くと、やはり胸が騒ぐ。人類は、いよいよそれを考える時代を迎えたのだろうか？じつは未来の科学計画や事業として火星移住を追求する研究組織は、すでに米・欧にたくさんある(日本は完全に遅れている)。ナショナルジオグラフィック社はそうした動きを大々的に取材し、TV番組シリーズ「マーズ」をリリースした。本書は、その制作と並行して編集された大型カラー本である。火星探査や移住計画に取り組む科学者・技術者・経営者も続々登場して、夢や課題を語る。意欲的な内容だし、「ナショジオ」得意の美しい写真や想像図が楽しめる。科学・技術にしっかり基づく話であるだけに、SFファンにはたまらないだろう。月刊誌『ナショナルジオグラフィック日本版』も二〇一六年一一月号で同テーマの特集を組んでいるが、かなり深い内容を含んでいるので併読をお勧めする。

NASA(アメリカ航空宇宙局)が検討する火星での基地候補の一つは、太陽系最大の谷・マリネリス峡谷の底だ。古代の溶岩流や湖底堆積《たいせき》物、豊富な地下氷など、「科学的な価値と資源が存在する可能性」があるという。というのも、火星に人が行くのは月に行くのとはまるで違うのだ。火星では、資源の現地調達が不可欠だ。ここでは移住は少し脇において、初期の火星有人探査について見てみよう。

まず、月までの飛行は三日だが、火星へは七カ月もかかる。無重力による身体機能の低下や宇宙線の被曝は、かなり深刻な問題になる。さらに火星への着陸後は、地球からの直接支援なしで一年半過ごさなければならない。地球から火星にロケットを打ち出すチャンスは互いによい位置関係になる二年に一度しかないが、火星から地球に帰還するチャンスも同じく二年に一度しかない。火星到着から帰還のための火星からの打ち上げまでが、一年半なのである。

ＮＡＳＡの計画では、火星探査のクルーは六人。宇宙船オリオンはまだほんの実験段階だし、着陸船、居住船、軌道へのクルー輸送船など、何段階にも分けた地球周回軌道への打ち上げとドッキングが必要だ。火星に着いたら、まず乏しい資材で基地を造る。持っていったインフレータブル・キャビンの設置に始まり、生活必需物資のリサイクルシステムの設置、火星移動車を使っての資源採集、科学探査など。もしかすると、帰還の燃料も現地調達しなければならない。

これだけでも、気が遠くなるような話だ。それでも米欧では、宇宙機関や民間組織が火星移住の夢に挑んでいる。極地や砂漠などの極限地域に火星生活を模した設備を造り、世界から隔絶された模擬生活を送る。資源のリサイクル、健康管理、チームワークなどがテーマになる。アメリカではいま、「火星移住」人気が過熱気味とか。意欲を燃やす民間会社のうち、いま一番火星に近いのは、宇宙輸送機「ドラゴン」で国際宇宙ステーション（ＩＳＳ）への物資輸送を請け負っているスペースＸ社だ。民間会社は、慎重なＮＡＳＡに比べフットワークが軽い。とはいえ、火星の有人探査はアメリカの官民が総力を挙げても無理な超巨大プロジェクトで、国際宇宙ステーションを超える国際共同でなければ進まないだろう。国際コミュニティでは、まず月で実験的ミッションをという意見も強い。ＮＡＳＡの計画は遅れに遅れ、予算の目途もまだ立っていない。

その先には、何が？　物資を自給自足し長期間住める火星キャンプ構想のコンペには多くの建設企業・開発グループが参加し、ユニークな火星物資利用のアイデアを競った。本書の一番の見どころである。長期キャンプは、おそらく火星にはたくさんある巨大な溶岩洞窟の中が安全だともいう。

だがしかし。科学探査・資源探査以上の規模の「火星移住」は、やはりまだ夢のまた夢である。そう知りつつ未来への夢を描くのも、人間なのだ。

最後に残るのは、そうしてまで火星に移住する意味についてだ。食糧不足？　火星で地球規模の人口を養うというのは、それこそ全くの夢に過ぎない。では、何のためか。

移住の理由はともあれ、人類が地球でうまくやれないのなら、宇宙のどこへ行ってもうまくやれるはずがないことだけは確かだろう。

国際宇宙ステーションとはなにか――仕組みと宇宙飛行士の仕事…若田光一著／講談社ブルーバックス'09

宇宙進出、日本の展望は？　新時代迎える有人活動

トランプアメリカ大統領は二〇一九会計年度の予算教書で、国際宇宙ステーション（ISS）を二〇二五年までに打ち切り、月での有人活動に転じる方針を示した。「次の有人は火星探査」という方針を積み上げてきたアメリカ航空宇宙局（NASA）に方向転換を迫るものでもある。議会で変更される可能性はあるものの、基本的には受け入れられるだろう。

ISSが二〇二四年で基本的にミッションを終えること自体は既定方針で、驚くことではない。日・米・欧の協定にロシアも加わって一九九〇年末から組み立てを開始したISSは、二〇一一年に完成。現在の参加国は一六カ国で、延べ二〇〇人を超える宇宙飛行士が長期滞在し、日本の「きぼう」を含むいくつかの実験棟での科学実験・観測や宇宙滞在実験を行ってきた。

そこでこの機会に日本も重要な一画を担ってきたISSを振り返ってみようと、本書を紹介することにした。ネットを通して Kindle 版も入手できる。二〇〇九年刊行だから、刊行時にISS全体は未完成で、先行科学実験や宇宙飛行士の長期滞在を進めていたころだ（残念なことにその後の成果について、適切な紹介は刊行されていない）。日本人として最初の宇宙長期滞在、初めての宇宙船長などの経歴を持つ著者によるものだから、実践的な話が満載である。巨大なISSモジュールの全体像がまず説明され、つ

いで日本の実験棟「きぼう」の初期の科学実験も紹介される。広範な分野にわたる訓練、時に緊張みなぎる宇宙での仕事といった宇宙飛行士の生活は、臨場感もあり興味津々である。本書刊行のころは、「きぼう」の科学実験はまだ本格化していない。日本独特の船外暴露部に設置する観測装置も、まだなかった。それでも著者は、専門のロボットアームの操縦から、「きぼう」の船内実験装置の組み立て、手順書に沿った実験やモニタなど、多彩な仕事をこなしてゆく。科学の経験も前提に厳選された宇宙飛行士たちではあるが、苦労はなかなかのもの。「宇宙飛行士は怖がりの方がよい」のだそうだ。「ミッション遂行のための開発では、必要十分なレベルを見極めるのが肝心で、単によりよいものを求めるのは敵である」。なるほど地上での実験とは違い、少しの失敗も許されない世界なのだ。

さて、金食い虫といわれ、科学者コミュニティからも科学成果に乏しいと批判を浴びてきたこのISSは、どう評価されるべきだろうか。私自身も外部専門家として、「きぼう」で行われる科学計画の検討・実施・評価の委員や委員長として長いあいだ関わってきた。その点では応援団でもありISS計画の「第三者」とはいえないが、この際、私見を述べておきたい。

ISS全体としては、建設総経費約八兆円、完成後の運用経費が年間五〇〇〇億円で、二〇年で総額ほぼ一一兆円。アポロ計画(現在のお金で約一五兆円)に匹敵する超巨大プロジェクトである。ただ、アメリカ単独だったアポロ計画と違い国際協同計画で、幅広く宇宙飛行士を受け入れて宇宙への窓口を多くの国々に広げた。長期宇宙滞在が人体に及ぼす影響のデータを積み上げた功績も大きい。何といってもISSは、人間の宇宙への本格的進出の第一歩として永く記憶されるべきだろう。

日本は、どうか。建設に七〇〇〇億円、運用に年四〇〇億円、総額一兆円強を費やしてきた。アメリカ主導のもとでの日本の参加には当初、主体性や科学研究の計画性に問題もあった。だが、欧米に比べて微々たる日本の宇宙予算の中で、まずまずの存在感を示している。実験棟「きぼう」を設置して大勢の宇宙飛行士を養成し、有人宇宙技術を磨いた。Ｈ《エッチ》-Ⅱ《ツー》ロケットをベースとした無人補給機「こうのとり」も順調である。科学研究では、暴露部ではＸ線天体の全天モニタ観測、地球の大気組成のサブミリ波詳細観測など。室内実験では微小重力環境での燃焼や結晶成長実験、タンパク質合成、生物飼育実験、最近では「きぼう」からの地球周回軌道への小型衛星の放出など、かなりの成果を上げたといってよい。一兆円を完全に無駄にし、さらに廃炉に数千億円を要する高速増殖原型炉「もんじゅ」の例を出すまでもなく、サンシャイン計画、第五世代コンピュータ計画など、成果もろくに出せずどれもすっかり忘れられているわが国の政府トップダウン型巨大プロジェクトの中では、貴重な例とすらいえるだろう。

ビッグ・プロジェクトというと混同されがちなので、ここで少し付け加える。ＪＡＸＡ（宇宙航空研究開発機構）は政府が直接管轄する研究開発法人の一つで、理化学研究所や産業総合研究所などと同様、基本的に政府の方針に従う。それに対して、高エネルギー加速器研究所や国立天文台などの大学共同利用機関は大学と同様、自主的な学術研究を基本とする。ここで進められる大型粒子加速器やすばる、アルマなどの大型望遠鏡といった大型プロジェクトはみな、研究者コミュニティが立案し推し進めたボトムアップ型だ。予算は前述のトップダウン型に比べて一桁少ないが、どれもがしっかり成功を収め成果を公開している。この点、失敗しても結果が社会に知らされもしない国策型のトップダウン大型計画とは対照的なのである。そうしたトップダウン型の中では、ＪＡＸＡの宇宙科学研究所のＩＳＳや宇宙探査は、よく頑張って成果を挙げてきたと評価されるべきだ。

総じて人類の宇宙進出にＩＳＳが果たした役割は大きく、日本も含めて無駄な出費だったとは私は思わない。いまや多数の国がＩＳＳを利用しており、宇宙実験や宇宙進出への準備の場として、存続の要望は強い。民間での運用継続も、検討されているようだ。

ＩＳＳ後の宇宙有人活動に大転換が訪れるのは確かだ。将来の火星有人探査は大目標だが、巨大な国際計画になる。日本も何らかの形で参加したいものだが、前項で述べたように実現ははるか先だろう。そこで、月など地球の近くで長期滞在・自給自足の技術を確立するのは、妥当な手順といえる。月で資源探査や採掘が進み、新たな可能性も生まれるかもしれないし、宇宙産業との連携もやりやすくなる。ただ、民間企業の宇宙活動もいまのところは国家予算、つまり税金の投入なしには成り立たないことに、十分留意しなければなるまい。

どう進むにせよ民主主義国家では、国が科学目的や技術開発を含む妥当な長期計画を提示し国民的な理解を得ることが大前提となる。日本は今後の宇宙への進出について、明確な長期展望を示せるだろうか。

ニュー・ホライズンズ探査機がとらえた冥王星 第2版

岡本典明著／ブックブライト'17

太陽系の果てから

人類の太陽系探査は、めざましい。二〇一五年夏、NASA（アメリカ航空宇宙局）の冥王星無人探査機「ニュー・ホライズンズ」が、数十億キロメートルの距離を越えて史上初めての冥王星の表面画像を送ってきた。

冥王星といえば、惑星ではなくなって「準惑星《じゅんわくせい》」になったことは、記憶に新しいだろう。二〇〇六年八月、国際天文学連合（IAU）総会での決定である。冥王星は地球の月より小さいことがはっきりしていた上、一九九〇年からは同じような軌道を回る冥王星の仲間の小天体がたくさん見つかってきたからだ。私は日本代表として総会に参加していたが、もちろん賛成票を投じた。

この決定は世界の天文学者の圧倒的な支持を得たが、不幸なことにニュー・ホライズンズはIAU総会の決定の半年前に、「太陽系で一番遠い惑星の探査」と銘打って打ち上げられたばかりだった。そのためNASAの計画担当者の中には、大不満の人もいたらしい。まあ無理もないが、学問は学問。いや学問からみれば、冥王星の探査はむしろ面白くなったといえる。冥王星とその仲間は、四六億年前に太陽系が生まれたときの惑星の素材、すなわち「微惑星《びわくせい》」の生き残りらしいということになったからだ。太陽系の誕生を明らかにする上で、重要な手がかりが見つかるかもしれない。

ニュー・ホライズンズは一〇年の長旅を経てみごと冥王星への最接近を果たし、驚きの画像を送ってきた。その貴重な冥王星表面画像を解説付きで紹介しているのが、ネット版限定ではあるが、この本である。第2版では前の版の初期発表画像に二〇一六年八月までに発表された写真を加え、合計二〇枚余の美しい写真と解説を納めている。NASAが発表を終えるのに一年もかかったのは、送信電波がはるかな冥王星から地球に届くうち、電波強度が極度に衰弱してしまうからだ。ニュー・ホライズンズは電力を節約しつつ、取りためたデータをゆっくり一年かけて地球に送り続けてきたのである。冥王星で減速する燃料も持っていなかったから、冥王星とその月カロンをかすめて通り過ぎただけだ。かすめながら急いで写真を撮り、さらに遠くへと飛行を続けながら、どうにかデータをほぼ全部地球に送り終えた。いまはさらに太陽系の最外部へと、飛行を続けている。

冥王星の表面は、どうだったか。一見してまず驚いたのは、凍ったメタンの地殻が衝突クレーターのアバタ模様で一面覆われているとの予想を裏切り、平らに凍った大きな「海」が拡がっていたことである。その海の表面は、美しく連続する割れ目や無数の穴のような幾何学模様で覆われていた。海を囲んでは、高い山脈や複雑な谷。冥王星の表面地形は、実に多彩だったのである。

なんだ、地球の月にだって「海」があるじゃない。あの黒い模様がそうでしょ、という方もあろう。でも、違う。月の海は溶岩の海が三〇億年前に固まったもので、極めて旧い。ところが冥王星の海の表面は、非常に新しい。表面の幾何学的パターンからは、いまも大規模な活動で表面が更新されていることが明らかなのだ。また冥王星は太陽から遠く極度に寒いため、メタンなどの氷に厚く覆われている。地球や月にあるような岩石は、地下深くに閉じ込められているだろう。

冥王星の「海」は、おそらくメタンか窒素と思われる。陸地の山脈は、固い水の氷かメタンの氷でできているらしい。小さな冥王星には不釣り合いな三〇〇〇メートルを超える高山もあり、造山運動がいまも続いているようだ。つまり冥王星の表面では氷の地殻や海が盛んに活動していて、冥王星の内部には表面に地殻変動を起こすだけの熱源があることになる。太陽からはるか離れた、しかも月よりも小さな冥王星のことだから、完全に冷え切っていると思ったのに。予想は大きく覆されたのである。

同じ二〇一五年、彗星《すいせい》をめざしたＥＳＡ（欧州宇宙機構）のロゼッタ探査機からも画像が届いた。ロゼッタは、チュリモフ・ゲラシメンコ彗星の太陽最接近のタイミングをめざし、二〇〇四年に打上げられたもの。この彗星は六年半の周期で太陽の周りを回っているが、もとをただせば冥王星より遠方の太陽系外縁部からやってきた。主成分は水の氷で、太陽に近づいて熱せられると表面の黒い砂の殻が破れて内部の氷がガスとなり、砂粒や有機物を交えて激しく噴き出す。これが、あの長大な彗星の尾になる。彗星は極めて始原的な天体だから、その成分や砂粒の分析から、太陽系全体を造った原料物質を突きとめられるかもしれない。

ロゼッタは彗星に接近し、二〇一四年末に軟着陸用の小型機フィラエを切り離した。フィラエはうまく着陸したかに見えたが、着地したところはなんと窪地で、頼みの太陽光が十分に届かない。表面画像を少し送信して、休眠状態に入ってしまった。それでも彗星への軟着陸は、これまた史上初の壮挙である。母船ロゼッタはその後も彗星を回りながら表面写真や観測データを送り続け、やがて彗星とともに太陽から遠ざかって、通信が途絶えた。ロゼッタとフィラエが送ってきた彗星の荒々しい表面画像は、ＥＳＡのホームページで楽しむことができる。

それにしても、太陽系の果ての小さな天体へ何年も孤独な旅を続け、到着して貴重なメッセージを送り届けてくる無人探査機たち。じつに健気ではありませんか。

最近では二〇一八年六月、日本の「はやぶさ2」が小惑星「リュウグウ」に到達。サンプル採集と、二〇二〇年末の地球への帰還を試みる。リュウグウは前のはやぶさが到達した小惑星イトカワと違って太陽系初期の原始的成分もとどめていると考えられ、サンプル・リターンへの期待は大きい。NASAの「オシリス・レックス」も始原的な小惑星「ベンヌ」に二〇一八年一二月に到着した。多量のサンプルを採集して、二〇二三年の帰還をめざすそうだ。

人類の科学探査は太陽系の果てや太陽系の起源へと迫りつつあるという実感を、深くする。いま日本の国立天文台、カリフォルニア大学・カリフォルニア工科大学、カナダ、中国国家天文台、インド、アメリカとの国際協力事業としてハワイに建設中のTMT（Thirty Meter Telescope, 三〇メートル望遠鏡）など、三〇メートル級の地上望遠鏡がめざす太陽系外惑星上での生命の痕跡探しとあいまって、宇宙における生命の起源を探るという人類共通の大目標にも迫ろうとしている。

隠れていた宇宙（上・下）

ブライアン・グリーン著、竹内薫監修、大田直子訳／ハヤカワ文庫NF　'13

ホーキング、最後に語る――多宇宙をめぐる博士のメッセージ

スティーヴン・W・ホーキング、トマス・ハートッホ、佐藤勝彦、白水徹也著／早川書房　'18

人間を突き動かす「知ること」への衝動

宇宙の「果て」や「始まり」にかくも心惹かれるのは、人間という動物の本能である「自分たちがいるこの世界を知りたい、理解したい」という衝動の表れの一つだろう。天地創造論は世界の民族の数だけあるし、現代の宇宙論と素粒子論は手を携えて、その深奥に迫ろうとしている。

いま宇宙論・素粒子論では、宇宙が無数に存在するという多世界宇宙論が花盛りである。多世界宇宙の観測の証拠は全くないし、観測できる可能性すら見えていないのに、なぜ科学者たちは幻のような多世界宇宙を真剣に研究するのか。『隠れていた宇宙』では、第一線の理論物理学者である著者が、宇宙の無限性と多世界宇宙論をとことん論じた。これほど包括的に宇宙の無限性や多世界宇宙を論じ尽くした本を、私は知らない。『エレガントな宇宙』（草思社、二〇〇一年）などミリオンセラーを生んできた著者が宇宙の果てに挑んだ、渾身の作といえるだろう。科学的な多世界宇宙説について、一つひとつ検証してゆく形になっている。文庫本二冊だが、読み応え・考え応えは相当なものだ。

上巻冒頭の「繰り返し宇宙説」や、「永続的インフレーション説」が主張する無数の泡宇宙のあたり

は、ご存知の向きも多いだろう。第四章から五章は、いま素粒子論の主流であるひも理論の驚くべき発展の話だ。電子もクオークも重力子も、素粒子はみな極微のひもの振動の仕方の違いに過ぎないという。これも実験的な証明はまだないが、現代の素粒子論が直面する高い壁(特に重力との統合)を突破できる理論はこれしかないと、専門家たちは考えている。このひも理論が繰り出すのが、私たちは三次元ではなく九次元の空間(プラス時間で一〇次元時空)にいるという主張だ。ひも理論が数学的に成り立つには、どうしても九次元空間が必要という。さらにひもがくっついて現実世界を構成する「ブレーン」という新しい概念を入れれば、一一次元時空になる。とてつもなく想像し難い世界である。

ひも理論は、なぜ多世界宇宙論で重要か。高名な理論物理学者であるスティーヴン・ワインバーグの問い——「私たちの世界を作っている重力や単位電荷などの基本的な物理定数はなぜ、銀河や星や生命の存在を可能にした微妙な値になっているのか?」という根源的な疑問に、有力な回答を与えるからだ。というのも、ひも理論の基礎をなす数学的な空間理論(カラビ−ヤウ理論)が、重力の強さや電気力の強さがどんな値を持つ宇宙でも実現できる、膨大な可能性を保証するのだ。もしもさまざまな物理定数の値を持つ無数の宇宙が生まれるなら、その中の銀河や生命の生成に適した物理定数を持つ宇宙の中で私たちが生まれたと考えればよい。ワインバーグの疑問は、自然と解消されるわけだ。

これは観測と多世界宇宙論とが触れ合うほとんど唯一の点で、本書でも急所である。もちろん、これには強い反論もある。では科学者は、重力定数や単位電荷がなぜ現在の値であるのかを追究することをやめるのか? そもそも、「宇宙は無限にあるのだから、私たちはその中の私たちに都合のよい宇宙の一つに存在しているのだ」という主張は、科学と呼べるのだろうか。

下巻では、極微の量子世界で起きる「量子もつれ」という現象が生み出す多世界宇宙説、ホーキングらによるブラックホールの量子論的考察から生まれたホログラム多宇宙説、さらにコンピュータの中で作られるシミュレーション多宇宙へと、現実の宇宙と数学的宇宙との境界を越えて読者を誘う。

結局は、実験と観測による動かせない結果が、百家争鳴の多世界宇宙論を整理してゆくしかないのだ。著者はそれを認めつつ、自分は無限多世界宇宙の存在に傾いているという。現代の宇宙論・素粒子論の理論家たちが格闘する、目もくらむような懸崖を覗《のぞ》いてみたい人には、特にお薦めしたい。

ブラックホールの量子的理解を大きく進めたスティーヴン・ホーキングが亡くなった（二〇一八年三月）。彼の最後の論考と解説を載せた小冊子が、『ホーキング、最後に語る』だ。「永久インフレーションからの滑らかな離脱？」という論文の和訳と、研究最前線にある理論物理学者白水徹也氏の丁寧な解説、論文の共著者ハートッホ氏へのインタビュー、佐藤勝彦氏の冒頭解説で構成される小冊子。ホーキングについて知りたい方にはもちろんお勧めだが、本書をここで取り上げたのには別の理由がある。この論文はそのタイトルが示すように、グリーンが『隠れていた宇宙』で紹介した多世界宇宙論の強力な柱の一つ「永久インフレーション」への批判ともなるものだからだ。

ホーキングは有名な「ブラックホールの蒸発」の理論のように、量子論をブラックホールに適用することで世間を驚かせる研究を生み出してきた。ブラックホールは内部の情報をすべてその表面に保持しているのではないかという考えも、その一つ。じつはそれをさらに発展させたのが、グリーンの前書でも紹介された「ホログラム宇宙」説である。ブラックホール量子論とひも理論とを結びつけると、私たちの世界が他の宇宙で起きている現象の投影（ホログラム）に過ぎないのではないかという、とんでもない可能性が生まれるのだ。ホーキングとハートッホはこの考えに立って、簡単化したブレーン空間モデルが生み出すホログラムとしてインフレーション宇宙を考察した。結果は、インフレーション宇宙の空間はなめらかで、永久インフレーション説が期待するような泡宇宙のタネとなる空間の歪みは、あまり生まれない。まだ一つの考察にすぎないが、とりとめもないように見える多世界宇宙論は、こうした新しい試みと批判とによって整理されてゆくのかもしれない。

佐藤氏の解説によれば、ホーキングは二一歳でＡＬＳ（筋萎縮性側索硬化症）を発症したが、幸いその進行は遅く、車椅子やコンピュータに頼りながら研究を続けて、七六歳の人生を全うした。葬儀の招待状には、「私のゴールは簡単だ。それは宇宙の完全な理解だ」というホーキング自身の言葉が書かれていたそうだ。もちろんこの世界を〝完全に理解する〟最終理論には、人間は永久に到達できない。ホーキングによる数々の解説書は、「物理学の理論は観測結果を記述するための数学的モデルに過ぎない」という実証主義的な哲学に基づいて書かれていると、佐藤氏はいう。してみると、ホーキングの最後の挨拶はやはり、人間が突き動かされてやまない知の憧れの吐露なのだろう。

IV

科学と不確実な社会

——問題を専門家任せにしない

プロメテウスの火……………………朝永振一郎著、江沢洋編／みすず書房 '12

政治と科学、「不信」が開いた「人災」への道

二〇一二年七月、福島第一原子力発電所事故の国会調査委員会報告が出た。事故の根源的原因は、歴代の規制当局と東京電力との関係において「規制する側とされる立場が逆転」し、原子力の安全の監視・監督機能が崩壊していたことにあり、事故はあきらかに「人災」と断じている。この結論は納得できるが、それにしても「規制する側とされる立場の逆転」や、その結果この巨大な「人災」に至るという異常な現象は、なぜ起きたのだろう。

じつは日本は一九五〇年代の原子力利用のスタート時から、科学者と政治家との相互不信の中でこの「人災」への道を歩み始めていたことを、本書は伝える。

「プロメテウスの火」とは、湯川秀樹と並ぶ、日本初期のノーベル賞物理学者・朝永振一郎が、原子力を中心とする現代科学に原罪のイメージをダブらせて語った言葉である。朝永は「現在の事実には一切眼をつぶって、千年先のことを考えて純粋な研究をしたい」と思いつつ、科学と政治の狭間《はざま》で悩み迷い、科学者の責任を真剣に考え続けた。その朝永の原子力に関わるエッセイなどを今日の視点で編集したのが、この本である。

日本の原子力研究は戦後占領軍によって禁止され、五一年にようやく解禁された。原子核物理学や平

和目的の原子力研究をどう進めるか。「科学者の国会」といわれた日本学術会議を中心に、さっそく検討が始まった。いっぽうでは改進党の代議士中曽根康弘のリードで原子力発電の導入が進められ、原子力委員会を中心とした原子力推進体制が生まれてゆく。そういう激動の時代を肌で感じられる、貴重な記録でもある。編者による解説と年表が、歴史的な認識を整理してくれる。

本書は三部構成で、第一部は原子爆弾を生んだ物理学の性格を考え続ける朝永のエッセイと講演録集だ。「科学というものには毒がある、だから警戒する必要があるのだと、はっきり言ったほうがよいのではないか？」「それ(科学の毒)は、現代という社会の複雑さがもたらす必然なのではないか……」。朝永の自問自答は、半世紀後の今も重く響いてくる。

第二部はパグウォッシュ会議を中心とした、核軍縮に関する論集である。五五年、哲学者ラッセルと物理学者アインシュタインは共同宣言を発し、世界は核兵器による破滅に瀕しており、その回避策を科学者自らが考えようと呼びかけた。湯川、朝永を含めそれに応えた世界の科学者によりパグウォッシュ会議は回を重ねて、「核軍縮」「完全軍縮」などの概念を広め、その実現の道を探った。世界政治のリーダーにも大きな影響を与え、核軍縮に貢献した活動である。

朝永の感想によると、厳しい東西冷戦の対立の中で軍縮案を真剣に議論できたのは、参加者は国や団体の代表ではなく、個人の良心に基づいて参加し「一つの集団に対し、他の集団に対するよりも強くうったえるような言葉は、一言も使わない」というラッセル‐アインシュタイン宣言の精神を大事にしたからである。

第三部は、朝永を含む科学者らによる三つの座談会。一つ目は、慎重に基礎から研究を進めるべきという日本学術会議の議論を飛び越えて、唐突に国会で承認された巨額の原子力利用推進予算をめぐってである（岩波書店『科学』五四年五月号掲載）。

二つ目は、その予算が通産省直属の工業技術院に丸投げされた後で行われたもので、工業技術院の院長も含めて日本の原子力推進のあり方が議論された。出席者の共通意思は、自主・公開・民主という三原則が守られるなら、協力して優れた実験用原子炉の自主開発を進めようということだ。米国から実用炉が直輸入されるのではないかとの警戒も、語られている（同前一一月号掲載）。

三つ目は、五九年に行われたもの。法律で原子力委員会が設置され、先の座談会での心配どおり米国製実用炉の直接輸入、米国依存の道が敷かれつつある。日本における原発の自主開発は、これで完全に否定された。原子力委員会に参加した湯川、坂田昌一ら一流の物理学者たちは、一方的な運営に抗議して委員を辞任。原子力行政からの科学者排除が、着実に進んでいた。この座談の中核は、中曽根科学技術庁長官・原子力委員会委員長と他の出席科学者との、厳しい応酬である。

日米関係の強化を背景に、日本学術会議や政府の方針に批判的な科学者の排除を進めていた中曽根は、科学者たちは単に研究費が欲しいだけだと明言した。簡単に言えば日本の科学者への不信表明だが、現在の保守政治家にも残るその根深さが異様であり印象的だ。

こうして日本の原子力利用は、政治家と科学者の極めて不幸な相互不信、ボタンの掛け違いとともに始まったのである。原子力利用のような長期的で危険を伴う開発は、十分な基礎研究と人材育成から始めよという科学者側の主張は、政府・企業によって退けられた。優れた科学者は原子力行政から排除され、そのため専門性をもつ科学者の育成・配置も進まなかった。

冒頭に述べた福島第一原発事故の国会調査委員会報告は、歴代の規制当局に科学的な判断能力がなく、規制される側であるはずの電力会社の言うなりになっていたと指摘している。これはもちろん、事故を起こした東京電力だけに関わるものではない。

「(原子力という)難問題を科学的に処理する受入れ体制が日本の現状にあるかどうか、はなはだ心配」だという朝永らの危惧(エッセイ「暗い日の感想」)は、残念ながら現実になった。今後の日本が、政治と科学が密接に共同する欧米諸国のような状況を生み出せるかどうか。それは、私たちや若い世代にかかっている。

原発と大津波　警告を葬った人々……添田孝史著／岩波新書　'14

事実を知ることこそ、未来への出発点

あの大事故の記憶はなまなましいが、早くも原発再稼働に弾みがついている。安倍総理大臣は、「再稼働に求められる安全性は確保されている」と言明。だが原発事故で訴えられた国と東電は、津波は予見できなかったと裁判で主張し、法的落ち度も責任も認めていない。

再発を防ぐための検証は中途半端なまま放置されている。そのような状況で「今回は安全だ」と言われても、説得力はない。

本書を読んでくると、エピローグのこの言葉はとても重い。著者は早くから原発災害問題に取り組んできた新聞記者で、3・11の後、フリーライターになった。国会事故調査委員会の協力調査員の立場も活かして隠された一次資料を発掘し、多数の当事者に面会して、「なぜあの大事故が起きたか」を追い続けてきた。

東電の「想定外」という言い訳はやはり真っ赤な嘘であることが、まず明々白々になる。それどころか東電は、福島第一原子力発電所の津波想定を超える科学的提言や安全基準をつぶすため、執拗に学

会・官界工作を進めていた。事故現場で奮闘した故吉田福島第一原発所長も、じつは本社にいたときにこれに関わった一人だった。それは経営陣も含めた社の方針で、使用期限が近い旧い原発に「余計な金」をかけたくなかったからである。その工作が成功した結果、起きたのが、悲惨な大事故といえるのだ。

東電を大いに助けたのが土木学会と原子力安全・保安院だったというのは、救いようがない。東電が金科玉条とした津波の緩い基準は「土木学会手法」と呼ばれたが、それを作った学会の委員会には、東電や電力の関係者が多数名を連ねていた。委員会の経費は、全部東電が出していたという。著者は、「土木学会の退廃」と断言している。読者は読み進むにつれて、はびこる隠蔽《いんぺい》体質や慣れ合いにさらに驚かされ続けることになる。

福島第一原子力発電所が「一番津波に弱い原発」であることは、関係者の間で周知の事実だったという。旧い原発なのでプレート運動による大地震という知見も当初の安全基準には入っていなかったが、地震学の進歩や阪神淡路大震災で、原発の地震対応は改定されてゆく。そうした科学の進展を追いかけて原発の安全対策と比較したのもわかりやすい。津波についても、貞観型の大地震や海溝型津波地震により福島第一原発が大きな災害に見舞われる危険が、二〇〇〇年代初めまでに何度も指摘されていた。だが東電幹部と規制当局はこれを黙殺し、地域や一般には秘密にしてきた。そこに、大津波は起きた。このとき、一定の津波対策をしていた女川原発と東海第二原発はかろうじて被害をまぬがれている。つまり、事故は他の原発でも十分に起こり得たし、逆にいえば福島第一原発は救い得たのである。

著者は事故後も、エネルギー確保のため少数の原発稼働は仕方がないと考えていた。だが調べてゆくにつれ、次のように思うようになったという。

規制当局や東電の実態を知るにつれ、彼らに原発の運転をまかせるのは、とても怖いことを実感した。間違えば国土の半分が使い物にならなくなるような技術を、慎重に謙虚に使う能力が無い。しかも経済優先のため再稼働を主張し、科学者の懸念を無視して「リスクは低い」と強弁する電力会社や規制当局の姿は、事故後も変わっていない。

この著者の文章が日本の現実を十二分に表しているのは、深刻なことだ。惨禍をすぐに忘れ、同じことを繰り返すのが日本？　そうは思いたくないが、民も官も組織優先で「個」の責任を果たさずに済ませる社会文化に根差すとすれば、事は簡単ではない。著者は最終章で、徹底した情報公開、検証の継続などいくつか具体的な提言をしているが、もっともなことばかり。それすら、実現していないのだが……。

事実を知ることは、未来への出発点だ。ジャーナリストが駆け回って得たこの労作が広く読まれ、真摯な対応への参考とならんことを。

超常現象――科学者たちの挑戦……………………梅原勇樹、苅田章著／ＮＨＫ出版　'14

現代科学の成果を応用して新たな理解に挑む

「超常現象」という言葉には、オカルト、フェイク、似非《えせ》科学といった印象が付きまとう。それなのに――いやそれゆえにというべきか、これを看板に掲げた本や番組は、臆面もないガセネタでも売れるらしい。

ところで二〇一四年、お硬いはず（？）のＮＨＫのテレビ番組で「超常現象」のシリーズが始まった。「肯定派・批判派のどちらにもくみせず科学的検証に努める」のが基本姿勢とか。三月放映開始の「幻解！　超常ファイル――ダークサイド・ミステリー」の第一回では、「人類が月に行ったというのはＮＡＳＡ（米航空宇宙局）の陰謀」という説への丁寧な反証実験など面白かったが、疑問も残った。そこで、ザ・プレミアム「超常現象」の第一集・第二集のディレクターによる取材・制作記録である本書から、「超常現象」とその報道を考えてみたい。

ＮＨＫ取材班は、まず魂や死後の世界の存在を探ろうと、お定まりのイギリスの古城の幽霊やポルターガイスト、臨死体験などの実例や検証実験を紹介する。イギリスで一三〇年の活動歴を持つＳＰＲ（心霊研究協会）のメンバーは、「幽霊があるかないかではなく、人はなぜ幽霊を見てしまうのかを研究している」という。ふむふむ。臨死体験、魂の遊離体験といわれるもの、子供が突然語り出す「前世の記憶」について、脳生理学や幼児心理学の成果を援用して理解しようとする研究者や、その具体的成果が紹介される。こうした科学の成果をわかりやすく紹介したのは、本書（番組）のお手柄だろう。超常現象の研究が、そうした現象を信じたがる人間の意識や記憶の仕組み、脳生理学、心理学など人間理解の前進に役立つことは確かだ。本書でも、最も意味がありそうなのはその部分である。

いっぽう、超能力やテレパシーなど超常現象そのものの存否を問う研究や実験も紹介される。著者たちの熱意にもかかわらず、現状は寒々しい。実験のレベルも規模が小さく単発的で、思い付きからどれほど脱しているのか疑問も湧く。だがこの状況を科学者の怠慢と責めることはできないだろう。霊魂、テレパシー、念動力、遠隔透視……、どの「超常現象」をとっても、長い研究の歴史にもかかわらず科学として取り上げ得るデータは極めて少ないのだから。検証可能な再現性を持つデータになるとほとんど存在せず、したがって科学者の研究意欲を持続させることは難しい。真面目に取り組み続ける研究者には敬意を表するが……。

著者はある研究者の言葉を援用して、「超常現象はまだ、美しい数式によって理論的に記述できない」のが決定的問題だという。だがそれは本末転倒ではないか。超常現象に「数式化できるほど信頼できる客観的実験・観測データがない」ことこそが、問題なのである。「あわよくばと思っていたが、不可思議としかいいようのない現象の決定的瞬間は撮影できなかった」と著者は率直に述懐するけれど、過去大勢の科学者が取り組んでできなかったことが、現代のテレビ局だからといって簡単にできるとも思えない。

著者も繰り返しいうように、いま科学で説明がつかない現象は、当然いろいろある。その中には、人間というこの複雑な存在の理解を始め、さまざまな新しい科学の発展につながるヒントが隠れているかもしれない。

「見たい人が見、信じたい人が信じる」傾向が極端に強いのは、「超常現象」の特徴だ。「人間は特別なもの」という思い、霊魂や来世を信じたい切なる心。だからどんなに科学が進んでも、「超常現象」はなくならないだろう。それでも、「番組を通して超常現象を検証」という姿勢はウリモノにはなるかもしれないが、大ジャーナリズムとしては迎合的に過ぎる。現代科学の成果を応用してまだ理解できない謎や不可思議な現象の新たな理解に挑む科学者たちの広範な活動に寄り添い、学ぶ取材が大事ではないか。

気になる科学――調べて、悩んで、考える……………………元村有希子著／毎日新聞社 '12

『理系白書』の著者の、楽しくてときどき重いエッセイ

毎日新聞科学環境部といえば、思い出すのは日本の科学と科学者の現実を生々しく追って私たち科学者にはちょっと切なくもあった、『理系白書』である。その著者たる新聞記者の、これは楽しくて、でもやっぱりときどき重いエッセイ。あの研究者やその現場で聞いた話から、思考や話題が拡がる。食品、日用品、老い、エコやネットや宇宙や自殺と、日頃触れるテーマがジャンジャン出てくるのは痛快だ。そりゃー違うでしょ？　などと著者のツッコミもなかなか。

著者は科学記者だから科学情報や統計データをたくさん持っていて、それがこのエッセイに深みと面白さを与えている。社会現象でも政治でも、ほとんどの問題は「科学的思考と分析、これに尽きる」と考える著者は、もとは理科が苦手で心理学を学んだとか。なるほどそれでかと、『理系白書』の面白さを改めて納得した。あれは、「理系人間」には書けません。

大震災で、著者の生活は一変した。調べるほどにボロボロ出てくる東電や政府のごまかし。「考えなくちゃいけないことがこんなに？」と自問しつつ泊まり込みが続く日々、それでも少しはオシャレも思い出し、「私」も大事にと頑張る著者でした。

もうダマされないための「科学」講義……菊池誠、松永和紀ほか著／光文社新書　'11

社会と科学を巡る論点を見極めるには

私たちの生活は、科学と一体の関係で結ばれている。現代の人間社会は科学と技術とそれらを基礎に置いた産業とともに構築されてきたのだから、当然といえば当然だ。その絆はさらに加速度的に強まっているが、日本の私たちはあの大地震と原発事故以降は特に、それをずっしりと感じている。

社会と科学に関する出版が続く中で、この本は市民の視点に立ちながらも科学に基礎を置き、複合的な論点と情報をわかりやすく提供している。「アカデミズムとジャーナリズムのよりよい関係構築を目指す」活動と講演からまとめた本だそうで、ひと味違う足元の確かさはそうした視点と地道な活動によるものだろう。

まず、手っ取り早くメインテーマを紹介しよう。

（1）科学と科学ではないもの

（2）科学の拡大と科学哲学の使い道

（3）報道はどのように科学をゆがめるのか

（4）3・11以降の科学技術コミュニケーションの課題

(1)で、統計物理学者の菊池氏は、実証的データが存在しないのに喧伝されているマイナスイオンなどの例を引いて、「科学を装うけれど科学ではない」ニセ科学に対する見方を提示する。科学には不確かさも存在するが、それは科学の本質に根ざす当然の性質である。それに付け込んで科学的論証を省略するニセ科学との違いを、どう見分けるか。分子生物学者の片瀬久美子氏も、放射線に関するネットなどでのアヤシイ情報をまとめている。放射能を無効にするという「EM菌」には驚いた。これらニセ科学が科学らしさを装う理由は、明確だ。社会一般の科学への信頼感を利用した金儲けである。簡単にいえば、詐欺。それで金が儲かるのも、残念だが社会的現実だ。

いっぽう、科学的考察を度外視して「ゼロ・リスク」を求める傾向も、大きな社会的損失を招き得る。科学ジャーナリストの松永氏は、(3)で現在のシステムの下では遺伝子組み換え食物のリスクは非常に低いという専門研究者の圧倒的な見解を紹介する。いっぽうでは消費者の強い不安に応えようと安全確認のハードルがむやみに高くなり、結果として育種産業の寡占化を招いてしまった。「ものをこわがらな過ぎたり、こわがり過ぎたりするのはやさしいが、正当にこわがることはなかなかむつかしいことだ」とは、浅間山の噴火を実見したときの寺田寅彦の感想だが、ここにも当てはまる。食品問題を取り上げてきた松永氏のこの章、特に主婦の方々に読んでほしい部分である。

(2)で科学哲学者の伊勢田哲治氏は、旧来の「問題発見型」の科学(モード1科学というそうだ)に対し、保全生態学などの「問題解決型」のモード2科学や、伝統的経験を中心とした「ローカルな知」にも学ぶことの重要性を説く。

そして(4)では、科学技術社会論の平川秀幸氏が、日本の「科学技術コミュニケーション」のあり方は生ぬるい、と批判している。科学的に問うことはできるが科学だけでは解決できず、社会倫理や政策が大きな役割を果たす「トランスサイエンス」の考え方が、今後の社会では特に重要だという主張である。全体に、科学やその社会との関係について知りたいと思いながらなかなか手が出ないという読者の方々には、好個の一冊と思う。

「あとがき」にもあるが、最後に表題にも関連してひと言。何に「ダマされない」ようにすればいいのか？　科学そのものにか？　科学を装った言説、あるいは科学者を騙《かた》る者にか？　マスメディア、それとも権力にか？　その見極めが大事であり、私たちそれぞれが科学を読み解く力(科学リテラシー)を鍛えることが求められるところだ。最近では、ネットというつかみどころのないものもある。片瀬氏の「付録」はその実例を豊富に引いて、ネットが果たす正負両面の役割の研究が重要なことを思わせる。

なぜ科学を語ってすれ違うのか――ソーカル事件を超えて

……………ジェームズ・R・ブラウン著、青木薫訳／みすず書房 '10

熾烈な「サイエンス・ウォーズ」の行方は

ソーカル事件とは、サイエンス・ウォーズを激しく燃え上がらせた、アメリカの物理学者アラン・ソーカルによる「悪名」高い悪戯《いたずら》のことである。えーと、サイエンス・ウォーズって、何？ サイエンス・ウォーズは、一九九〇年代後半から二〇〇〇年代初め、アメリカやフランスを主戦場に戦われた、科学者と、科学論特にポストモダン論者との間の、熾烈《しれつ》な論争だ。日本はその圏外にあって、一部雑誌などを除きほとんど取り上げられなかった。だがこれは世界的に見ると、現代社会と科学・科学者のあり方に大きな影響を残した事件である。本書は、トロント大学の哲学教授である著者が、論争が一段落した二〇〇一年にアメリカで出版したものの和訳だ。サイエンス・ウォーズとソーカル事件にとどまらず、科学論の課題を歴史的に見直し、現代社会と科学との関係を論じている。

さて、ソーカルは一体、何をしたのか。アメリカのポストモダンの学術誌『ソーシャル・テクスト』は一九九六年、科学者への反撃として「サイエンス・ウォーズ特集」を組んだ。ソーカルはそれにポストモダン風の論文を投稿し、編集者は物理学者からの応援だと、喜んで掲載した。その直後、ソーカルは別の雑誌に、あの論文はポストモダンの論者（大物を含む）による科学的に無意味な修辞をちりばめた文章を集め、意味ありげに装ったパロディ論文だったと暴露したのである！ でたらめを見抜けなかった『ソーシャル・テクスト』編集者も、理解してもいない科学用語で飾った文を引用されたポストモダンの論者たちも面目を失い、激怒した。さらにソーカルは、ポストモダンの論客の「理解してもいない科学用語をちりばめた」論文を集めた『「知」の欺瞞《ぎまん》』を出版し(ジャン・ブリクモンとの共著、田崎晴明、大野克嗣、堀茂樹訳、岩波現代文庫、二〇一二年)、火に油を注いだ。

ソーカルはなぜこのような、いわば科学者の倫理にもとることまでしたのだろう。彼の批判の対象は、サイエンス・スタディーズ(科学論)のなかでも社会構成主義、科学社会論などポストモダンとも言われる論によって社会的に影響力のある人々である。彼らはマイノリティ、ジェンダー、環境問題などで進歩的評論活動を積極的に行ういっぽう、科学の成果に客観性はなく「社会的構成物」の一つに過ぎないとして、科学も社会的信念も同じ地平に相対化してしまう。そのいっぽうで彼らの論文は(しばしば誤解と誤用に満ちた)科学用語で科学の装いをこらす。科学者たちはいら立ち、科学哲学や社会学の分野からも批判が絶えなかった。それがついに、火を噴いたのである。

ソーカルの悪戯は、米・欧でポストモダンの科学論者と科学者、その周辺を巻き込んだ大論争に発展した。やはりポストモダンの左派連中はでたらめだったという、保守主義者の冷笑。ソーカルはよくやったという、主に科学者からの応援。傲慢な科学者からの右翼的巻き返しだというポストモダン陣営の反論と、応酬が続いた。なお、ソーカルが指摘したポストモダン論者の科学用語の誤用・乱用・誤解には、ほとんど反論が出なかったという。この点では、当事者たちにかなり反省もあったらしい。

左派が左派を攻撃するのはやめろ、右派＝体制を利するだけだという意見もあった。実はこの点で、ソーカルは確信犯だった。「私は、臆面もない古いタイプの左派だ」と、ソーカルは述べる。社会正義の推進のため、左派の政治運動をお粗末な思想から奪回したかった。非合理主義やずさんな議論は、進歩主義の基礎を揺るがす。金も銃もない左派には、明晰な思考こそ最大の武器なのだと。

古めかしい「左派」「右派」には、戸惑う方もおられよう。本書の著者によると、左派は社会的・経済的格差の是正を求める。右派は自由と伝統を重んじ、人権や格差にはあまり重きを置かない。これには私も納得である。もちろん左派・右派は、もとはといえばフランス革命で生まれた歴史的概念だ。

自らも左派を名乗る本書の著者は、次のように整理する。ソーカルは、「親科学の右派」対「反科学の左派」という不毛な対立の図式を打ち壊したかった。より良い社会のためには、「親科学の左派」の活動の余地を広げなければならない。そしてサイエンス・ウォーズをとことんまで進めることで、それに劇的に成功したのだと。

科学の民主化と科学の行動計画について述べた最後の二章は、魅力的である。科学が社会とその未来に対して大きな力を持つことには、誰も異論はない。ではこの科学という営みを誰が支配するべきか？

これが、本書における著者の主題である。著者は、支配するべきはもちろん大衆だとしながらも、直接民主主義や弱者の絶対視などではなく、科学の民主化と委託を通じ、情報に通じた代表や専門家による行動を呼びかける。「科学者もそうだが、とくに科学哲学者は、社会の不平等を正当化するようなニセ科学を論駁《ろんばく》できるという、社会貢献という観点から特別の位置に立っている」。

本書は、ソーカルも意図した「より良い社会のための科学」を目指す試みである。論争とアメリカでの出版から一〇年近く経ったが、科学と社会についての問題意識で立ち遅れ論争を傍観していた日本でいまこの訳書が出版されることには、十分な意味があると思う。

ヒトラーと物理学者たち――科学が国家に仕えるとき…

フィリップ・ボール著、池内了、小畑史哉訳／岩波書店 '16

政治的・倫理的責任を遠ざけてしまう弱さ

誰しも、戦争のための研究はしたくない。だがいま日本では、防衛省の研究公募に科学者としてどう対応するかが問題になっている。研究費が年々縮み海外での研究会出席も困難になった研究者には、潤沢な資金をちらつかせる防衛研究は魅力的に映る。

しかし先の戦争で、日本の科学者は総動員法の下、核兵器開発や生体実験にまで手を染めた。「学者の国会」たる日本学術会議はその反省を踏まえ、「科学者としての節操を守るためにも、戦争を目的とする科学の研究には、今後絶対に従わない」と宣言した(一九五〇年)。その日本学術会議が新たな「軍事研究」の誘惑にどう対処するかが、注目される。

このタイミングで刊行された本書は、戦争と科学、科学者の倫理に大きなスケールで問題を投げかけている。舞台はもちろんナチス支配が進むドイツと、当時世界の頂点にあったドイツの物理学だ。ナチスの標的にされたアインシュタインなど、ノーベル賞学者が綺羅《きら》星のようだった。

著者は、量子論の創始者マックス・プランク、原子・分子構造の解明で知られるピーター・デバイ、量子論の数式化で有名なヴェルナー・ハイゼンベルクに注目する。みな傑出したノーベル賞受賞者で、それぞれドイツ物理学の頂点を背負い、否応《いやおう》なくナチス政権に関わっていった人たちである。

科学に仕えた人格優れた科学者たちが、なぜナチス独裁に屈服していったか。著者は浩瀚《こうかん》な資料を駆使し、深く探る。第二次大戦とドイツの物理学者については多くの本が書かれてきたけれど、いまも新たな発見がある。もちろん焦点の一つは、原子物理学の落とし子である原爆の開発だ。

戦後、ハイゼンベルクらはドイツがなぜ原爆を作らなかったかについて、こう語ったという。「我々はナチスに原爆を持たせないよう注意深くふるまい、研究用の原子炉だけを作った」と。アメリカは原爆を落としたが自分たちは平和利用を目指したというこの話は、ドイツ物理学の神話となった。

だが実はハイゼンベルクらは、研究所を挙げて原爆開発を進め、プルトニウム爆弾を具体的に構想していた。しかし必要な量のプルトニウムの分離抽出が、うまくいかなかったのである。戦後、一軒家ファーム・ホールに抑留されたイギリスで広島への原爆投下のニュースを聞いたドイツ人物理学者たちは、開発でアメリカに後れを取ったことを知って狼狽《ろうばい》した。そこで、「どうすれば非難を浴びずに済むか」という議論が始まったという。そして、神話が「作り出された」。これを暴いた「ファーム・ホールの盗聴記録」は、本書の圧巻だ。

彼らは結局、「英雄でも悪人でもない」と、著者はいう。科学者たちは科学に仕えているつもりだったが、いつの間にか軍事独裁政権にからめとられ、「国家に仕えて」いた。そして、彼らの戦後の振舞い。読み進むほどに、大戦前後の日本の状況との類似に、唖然《あぜん》たる思いがする。

著者は、人々の国家や戦争への意識は大きく変わってきたことも強調する。二〇世紀初頭の世界では、戦争が悪だという観念はまだ薄かった。戦争や民族差別への批判が強い現代の認識で当時の人々を批判するのは軽率だし、生産的でもない。

だがいっぽうで著者は、科学者に共通する弱さを、厳しく指摘している。自分たちは自然を解明するのが仕事だからと、政治や倫理的責任を遠ざけてしまう弱さである。その通りだし、日本にも、また今日にも通じることと思う。

訳は、正確を期そうとするためか意味をとりにくい部分も多い。とはいえ特に研究者には、考えさせられることが非常に多いだろう。戦争への反省が薄まっているようにみえるいま、若い人々にも読んでほしい本だ。

科学者は戦争で何をしたか……益川敏英著／集英社新書 '15

科学者である前に、人間として

二〇世紀は、戦争の世紀といわれる。戦争自体がそれまでとは比べ物にならない大規模な殺戮《さつりく》の場と化した世紀でもある。一九世紀後半のダイナマイトの発明に始まり、毒ガス兵器や原爆に象徴される大量殺戮兵器の使用にまで至った。兵器の開発は、大砲、戦車、毒ガス、飛行機、レーダー、潜水艦、核兵器、ミサイル、最近ではドローン攻撃機やロボット兵器と、とどまるところを知らない。どれもが、科学とそれを応用する技術によって作り出されたものである。非戦闘員を含む莫大な人命が失われた第二次世界大戦の後、科学者と戦争との関係が厳しく問われるようになった。また科学者の側からもこうした殺戮兵器を生み出した専門家としての責任を自問する声が上がったのは、当然のことだった。

著者はいうまでもなく、二〇〇八年、クオーク(陽子や中性子、中間子を作る素粒子)についての「小林・益川理論」でノーベル物理学賞を受賞した理論物理学者である。研究のかたわら、恩師・坂田昌一の言葉「科学者である前に人間であれ」をモットーに、軍事化への傾斜に警鐘を鳴らし平和を説き続けてきた。

著者は受賞を知らされたとき、「ノーベル物理学賞に決定しました。発表は十分後です」というノーベル財団からの電話のエラそうな態度にカチンときて、その夜の記者会見で「大して嬉しくない」と言明。それが翌朝、大きく報じられたという武勇伝を持つ（本書前書き）。三〇年以上も前の業績だし、という気持ちもあったようだ。そんな著者が科学者と戦争のからみ合う関係を多方面から熱く論じた本書には、著者の巧まざるユーモアもにじみ出る。

著者は五歳のときの戦争の恐怖を、ノーベル賞講演に織り込んでいる。名古屋への爆撃のとき、自宅の屋根を貫通した焼夷弾が、目の前をコロコロ転がったという。不発弾だったので助かった。焼夷弾はアメリカが日本の木造家屋の火災を狙って開発した兵器で、日本の何十という都市への無差別爆撃に使われた。そうした戦争体験と坂田昌一の科学者としての平和運動が著者の意識を形作った、とふりかえっている。坂田は当時、湯川・朝永と並ぶ素粒子論のリーダーで、著者は坂田に憧れて名古屋大学に入ったという。陽子や中間子がさらに小さな階層からできているという坂田モデルは、クォークの発見や小林・益川理論にもつながるものだった。

ついで著者は、科学者の発明が戦争にどう使われてきたかを概観し、さらに第二次世界大戦後に始まる科学者たちの平和運動について紹介する。核兵器の大量使用による人類絶滅の可能性を訴えたラッセル－アインシュタイン宣言（一九五五年）が大きなきっかけとなり、核兵器の制限・廃絶への大きなうねりとなった。日本では湯川、朝永、坂田ら第一線の理論物理学者が、この運動の中核となった。「勉強だけでなく社会のことも考えなければ一人前の科学者でない」という坂田の姿勢が、大学生・大学院生時代の著者の背中を押した。いまとは違い、学生が政治や社会問題に敏感に反応し、デモにもクラスこぞって参加したような時代である（私もその中の一人だった）。

科学の軍事利用については、電波のビルからの反射（テレビのゴーストを起こす）を防ぐ塗料が日本で発明されたところ、数年後にはそれが、アメリカで「レーダーに見えない」ステルス戦闘機に応用されたという事例があるそうだ。考えてみれば、小型カメラ、コンピュータ、ロボット技術など、そうした例はいくらも挙げられる。

科学では、成果の公開が本質だ。そのオープンさこそが科学を発展させてきたからである。しかしオープンである以上、研究成果を誰がどう利用しようと防ぐことはできない。かくして著者も説くように、いまや「平和利用」と「軍事利用」の明確な境界は実際上存在しないといえる。現代の科学者にとってのジレンマだ。こうした中で、日本の科学者が政府主導の「選択と集中」で軍事研究にからめとられてゆくことを、著者は危惧する。じっさい、防衛装備庁による巨額の軍事研究の公募で科学者のコミュニティが大きく揺れたのは、本書刊行の翌年だった(次項参照)。

それでも著者は「戦争で殺されるのは嫌だが、殺すのはもっと嫌」の基本姿勢を貫いている。日本は武器を使えないという制約のおかげで、国際的に困難な幾多の場面を何とか外交や平和的協力で切り抜けてきたではないか。

一見シャイだが、ガンコで議論好きをもって自任する著者。目の前の問題はどれも難しいけれど未来を信じ、「二百年たてば戦争はなくなる」と考える。科学者として正当な楽観論だろう。

科学者と軍事研究

池内了著／岩波新書 '17

軍事研究と科学・技術、問われる日本の研究者

科学者・技術者は軍事や戦争に関わる研究を遠ざけるべきか、それとも一定条件内ならOKか？前項でも紹介したように、これは研究者たちにとって重い倫理課題である。科学・技術は人類の生活とその発展に大いに役立ってきたいっぽう、戦争・大量殺戮《さつりく》の道具にもなってきた。科学・技術がもつ光と影との両面性はその発展につれて、ますます色濃くなっている。したがって、科学の利用法を最もよく理解している科学・技術の専門家たちには、研究成果の利用が人類の福祉に役立つものか、それとも害毒となるものかを監視し、警鐘を鳴らす責任があるわけだ。それは、国際科学会議（ＩＣＳＵ）など科学者の世界的組織での合意ともなっている。

日本の科学者コミュニティはいま、それをまともに問われている。大きな波紋を投じたのは、二〇一五年、防衛設備の開発や生産・整備を担当する防衛省の防衛装備庁が始めた公募研究「安全保障技術研究推進制度」だった。大学研究者も広く対象として公然たる軍事研究費が公募されたのは、戦後ではこれがはじめてだ。しかも資金は潤沢。予算の削減に次ぐ削減で研究費不足にあえいでいる大学研究者には、魅力である。じっさい、かなりの大学からこれに応募する研究者が出た。それに対して批判も高まる中で、科学者の公的な代表機関である日本学術会議は、明確な態度の表明を迫られることになった。

本書は、この問題を考える材料となることを願って出版された。「安全保障技術研究推進制度」の内容とその背景からはじめて、日本学術会議の対応、そして日本の科学ですでに一部進んでいる軍事化、最後に科学者としての考え方をまとめたもの。著者は、社会科学技術論や平和問題でも広く活躍する理論宇宙物理学者である。

まず、この制度への応募や採択の二年間の推移が紹介される。予算は二〇一五年度に三億円、一六年度は六倍の一八億円。いっぽうで日本の大学の研究費は長年削られ続けてきた。科学の研究をゆがめるものという批判が噴出したのも、当然だろう。

話はさかのぼるが、戦後すぐの一九五〇年、日本の学術全分野の研究者を公的に代表する日本学術会議は、「戦争を目的とする科学の研究は絶対に行わない」と表明した。六七年にも再度、「軍事目的のための研究は行わない」との声明を出している。戦争への深刻な反省に立ったものである。第二次世界大戦の惨禍を目にした研究者たちに反省の機運が高まったのは、自然なことだった。特に原爆の投下に大きな衝撃を受けた湯川秀樹などの物理学者や、人文学者たちが先導した。いっぽうでは、兵器開発に潤沢な研究費を得ていた工学分野、生体実験を行った医学分野などでは、反省は薄かったのである。このあたりについては、同じ著者による『科学者と戦争』(岩波新書)にくわしい。

防衛装備庁の多額の研究費を前に、この反省の薄さも表面化した。一〇九件にのぼった一五年度の応募のうち、半分が大学からだった。採用九件のうち四件が東京工業大学などの大学研究者。中でも注目を浴びたのは、日本学術会議の大西隆会長が学長を務める豊橋技術科学大学が応募した研究が採用されたことである。当然、大学でも学術会議でも論議が沸き上がった。さすがに翌一六年度は、一八億円の増額予算に対してすら応募数は四四件と激減。だが驚くことに、一七年度は一一〇億円という巨額予算が満額通ったのである。

著者は日本学術会議の対応をくわしく述べる前に、政権から抑圧を受け続けた学術会議の苦難の歴史を概観している。戦後大きな実績を挙げてきた学術振興提言の場や予算を大幅に削られ続け、何とか踏みとどまっているというのが現状だ。戦後日本の科学の発展に主導的な役割を果たした日本学術会議についは、包括的で前向きな歴史が書かれることを期待したい。

さてその日本学術会議は、一六年に「安全保障と学術に関する検討委員会」を発足させ、一七年に「軍事的安全保障研究に関する声明」と「報告 軍事的安全保障研究について」を採択した。検討途中の二月四日には、日本学術会議主催のフォーラム「安全保障と学術の関係――日本学術会議の立場」が開催された。検討結果を中間報告としてまとめ、公開討議にかけたのである。私も出席した。参加者は若干の市民も含め会場ぎっしりの三四〇人。報道陣も詰めかけ、真剣さあふれる会だった。主要新聞が報道したように、本書の著者を含め講演者のほとんどと、会場からの発言の全部が、軍事関係組織の研究費を特に大学研究者は受けるべきでないという意見だったことは注目される。私も発言を用意していたが、熱い討論を聞いているうちに時間切れになった。議論された中で、特に以下の四点を挙げておこう。

①科学研究の最大の目標は、人類の平和的発展に寄与することである。

②秘密性は軍事研究の基本的性格で、結果の公開と透明性を本質とする科学研究とはあいいれない。

③防衛目的だからＯＫ、基礎研究ならよいという意見もあるが、防衛も基礎も攻撃目的や軍事応用に切れ目なくつながる。

④大学は教育機関でもあり、大学院生など若手研究者がグループとして取り込まれる場でもあること
　に留意すべき。

日本学術会議の声明は、防衛装備庁の研究費は公開性や研究の自由を損なうという点で問題があり応募すべきではないと結論づけているが、各大学や研究機関の研究者を縛るものではない。大学・各分野学会に、議論とそれぞれの見解の検討を促すためのガイドラインというべきもので、現状では適切な方針だろう。

この問題では、日本の大学・研究者コミュニティの倫理が再び試されている。本書も含め、研究者間の闊達《かったつ》な議論が、平和憲法を持つ日本の将来へ向けた一つの礎石となることを期待したい。

「大学改革」という病――学問の自由・財政基盤・競争主義から検証する

山口裕之著／明石書店　'17

大学は「正しく考える技術」を教えよ

表題を見てすぐ、手に取った。

日本ではなぜか政・財界の主導で、「大学改革」という名の競争おしつけ政策が強引に重ねられている。私も研究者として大学改革の審議に多少関与したが、この執拗な「大学改革」、ほとんどビョーキと感じていたからである。

本書は、いわゆる「反改革」本ではない。視野の広い、総合的な大学論だ。著者は哲学者で、授業改革の実践にも取り組んでいる。第一章「日本の大学の何が問題なのか」から始めて、大学の歴史、学問の自由、大学の大衆化、日本特有の入試、日本型経営への組み込み、といった複雑にからみあう問題を明示し、解きほぐしてゆく。もちろん、欧米の大学改革も紹介される。著者がズバリ指摘するのは、たび重なる「大学改革」の陰の主役は財務省だ、ということ。背後に、財界の強い要請がある。「大学改革」は社会のためか、それとも会社のためか？

「法人化を含むここ一〇年ほどの「大学改革」は、これまでの大学のあり方を大きく変えてしまった」と、著者はいう。大学の教員は「改革」が求める形式的な評価への対応や、厳しさを増す研究費稼ぎに追われ、人員削減のために高齢化が進む。若手研究者は、身分の不安定と過当競争で先行き不安に悩む。優秀な学生は当然、博士課程に進むのをためらう。この十数年で、日本の科学は世界からはっきり落ちこぼれてきた。『ネイチャー』誌も指摘したように、中国・韓国や欧米諸国の中で、日本の科学研究だけが下降線をたどっている。

予算削減政策のもとで大学に過度な競争を押し付けるトップダウンの発想がそもそも間違いであることは、すでに多方面から指摘されてきた。著者も強調するように、教育は研究とは違い、本来競争に向いていない。大学教育を受けたはずの政・官・財界人が、なぜ誤った発想をするのか？「日本の大学が「正しく考える技術」をきちんと教えてこなかったことの、長年にわたるツケである」と、著者は大学にも手厳しい。

大学間でのある程度の競争や評価そのものは、著者は否定しない（この点、私も同じ）。だが基準が不明確なままでの金を餌にした競争のおしつけは、堕落や反目や、時の政権への追随も生む。評価は、主体性を奪うことと表裏一体でもあるのだ。こうした弊害を意識しなければ、改革は大きな失敗に直面する。かつて欧米での大学政策や日本でも企業が失敗したと同じ政策を、いま日本の政・官・財界は全大学に対して進めている。

背後にあるのは何かという、分析。一つは、もともと日本の大学政策を覆ってきた「ミもフタもない自己責任論」である。それによって日本の大学も大学生も、先進諸国中で最も過酷な状況に置かれてきた。教育は本人の利益のためだから自己責任でという、「低福祉」政策である。だがそのリーダーたる米国でも、大学や科学研究への政府・社会の支援は日本をはるかにしのいでいる。もう一つの背景は、財政難だ。日本の税金は世界最低水準で、いっぽう国は巨大な借金にあえいでいる。一人当たりのＧＤ

Ｐは、世界二〇位台。これも執拗な「大学改革」の動機になっているのだが、予算削減が目的の「改革」では、大学教育も研究も上向くはずはない。

著者の主張の中核は、大学が教育すべきことは「正しく知り、考える技術、異論を持つ人とも討論しすり合わせて、意見を共有する技能」だ、という点にある。大学教育・研究の財源については、教育・医療など社会福祉を拡げ税金で負担する、「高福祉・高負担」社会を見据えるべきという。議論はあろうが、高福祉型社会は長い目では世界的なトレンドになるべきだろうと、私も思う。切り替えは容易ではないが、日本がこのまま凋落《ちょうらく》していくのを見たくはない。

読み進めながら、私の眼からはたくさんのウロコが落ちた。広く見て論理立ててゆく「哲学」の役割を、改めて見なおした次第。政・官・財・学を問わず、大学のことを考えようという人には必読の書であろう。

人類はどこから来て、どこへ行くのか……………エドワード・O・ウィルソン著、斉藤隆央訳／化学同人 '13

「科学」に根差しながら「人間」に深く踏み込む

人間とは、何か。

それをまともに問うのは、もちろん並大抵の仕事ではない。ゴーギャンがタヒチで描いた畢生《ひっせい》の大作の隅に「我々はどこから来たのか、我々は何者なのか、我々はどこへ行くのか」と書き残し、この種のテーマがとりあげられるたびに、ウンザリするほど引用されて来た。ではあるが、本書の著者ウィルソンは、冒頭と終章でゴーギャンについて大いに論じ、芸術家として真に独創的な形であの問いを表現したと称賛している。自分はゴーギャンに呼応し、科学者としてその問いに答えるのだという、真っ向からの自負の表明と受け取るべきだろう。この大きな問いに答えられるのは宗教ではなく哲学でもなく、事実を積み上げる科学だと、彼は言明する。科学はその面でかなりの成功を収め、少なくとも理路整然と取り組んで「ある程度」答えることも可能になったと。

ウィルソンは、一九二九年アメリカ生まれ。アリの研究の世界的権威で、社会生物学の創出に関わり、人間の文化・社会への進化論の適用を大胆に提起して激しい論戦を巻き起こした。早くから自然科学と人文学の融合を唱え、著書では二度のピュリッツァー賞を受賞した。いまも環境保護で活躍中だ。この本は、彼の多岐にわたる仕事の中で「人間とは」という問いにどこまで答えられるかを試みてきた、その集大成というところ。力瘤《ちからこぶ》が入るのも当然か。

さて、人間とは何か。著者が提示する第一のキーワードは、「真社会性」である。アリやハチなどの昆虫でおなじみだ。多数の個体が世代を超えて巣を守りながら住み、個体間の分業や専門化で、「超個体」的生物集団の形成に至った。いっぽう人間は、大型動物では極めて珍しい真社会性動物だ。複雑で緊密な社会を形成するが、アリやハチとは違い、すべての個体が等しく生殖の可能性を持つ。高い知性を持つ人間の真社会性は、昆虫のように一〇〇〇万年単位の時間をかけて本能レベルで獲得した真社会性とは違い、自然選択と文化社会性が相互作用しつつ急速に獲得された。それが良くも悪しくも「人間らしさ」を形成した、というのである。

では、人間はいかにして真社会性を獲得したか。そして真社会性は、人間に何をもたらしたか。この太く通った軸を中心に展開される議論には迫力がある。真社会性の獲得には「前適応」と「マルチレベルの自然選択」が、重要な要素だったという。

ここで、ちょっと説明。進化は、目的に向けてまっしぐらに進みはしない。そもそも、「目的」はない。偶然の重なりの中で環境に適応したものが選択的に生き残る自然淘汰《とうた》、つまりダーウィン進化である。著者がこれを迷路にたとえたのは、うまい比喩だ。そして、ある状況下で選択された適応性が、その状況が変化した後でも全く別の選択に利用されることがあるのが、「前適応」だ。用意された性質が偶然、別の思いがけない適応に役立つ。それによって、その種が発展する。こうして偶然役立った性質を重ねてジグザグの道の末に現れたのが、真社会性動物たる人間、というわけだ。

人間の進化における前適応の例として著者が挙げるのが、野営地、つまり定常的なコロニーの形成という習慣である。そこを舞台にして協力や分業が進み、文化的知能の発達をもたらした。今度はその中での個体選択とグループ選択、著者がいう「マルチレベルの自然選択」でおきる衝突から、利他行動や倫理観も含む「人間らしさ」が生まれてきたという。こういう著者の主張、なかなか魅力的だ。

ところで世代交代による本能形成で進化に時間がかかり、そのため生態系となじみ合って進化してきたアリなどと違って、大型で脳を発達させた人間では、社会性による支配が知能に助けられて非常に早く進んだ。そのため人間社会は、周囲の生態系と共進化する時間がなかった。結果として、人間社会の発展は生態系を急速に圧迫して大きな危機を招き、自らの将来を危うくしている。著者は早くから、この視点で生態系保全運動に取り組んでもきた。

本書では、人間社会がもたらした戦争や宗教問題にも鋭く切り込んでいる。人間は同族意識が極めて強い動物で、戦いは旧石器時代から盛んだったとは、洞窟壁画も援用して著者が送る強いメッセージである。また、神話や組織宗教における強烈な同族意識、民族意識を指摘する。これらには、社会性の進化の中で人間が育ててきたグループ本能が大きく作用しているのだと。こうした著者の主張は人間性を否定しているなどの批判も浴びたが、読んでみればわかるように、説得力に富むものである。

大部の考察を一冊に詰め込んだから、ややわかりにくい部分も残る。しかし印象深い議論が随所にちりばめられ、なによりも科学に根差しつつ「人間」にぐいと踏み込む著者の浩瀚《こうかん》な思考には、刮目《かつもく》すべきものがある。

なお著者は、人間の社会性の進化において現在広く受け入れられている「血縁選択説」は破綻したとして、「グループ選択説」を主張しているが、これには異論も多いという（本書「解説」）。だが学説論争は常のこと。いずれ決着してゆくだろうし、われわれ読者にそう気になるところではあるまい。十分な答えには、まだはるかに遠い。しかしこの難題に「理路整然と取り組んである程度答える」という手応えを、確かに伝える本である。

感染症と文明――共生への道

山本太郎著／岩波新書　'11

微生物と人との平和的共存とは

「共生」が流行《はや》りだが、どうやら生物どうしの共生は、私たちが思いがちな甘っちょろいものではない。生存をかけたせめぎ合いの末、なんとか妥協できる状態というのが、現実らしい。「異なる生物種どうしが一緒に生活している状態」が共生だが、そもそもの最初は、片方の一方的な依存から始まる。「寄生」といったほうがわかりやすい。当然おきる衝突の結果、両方に利益が生じればめでたしとなるが、実は共生には、片方にしか利益がないままの場合も多いという。

それればかりではない。当初は一方が害を受けることも、当然あるわけだ。私たちが悩まされ、時に大流行におびえる幾多の感染症は、まさに寄生体が宿主たる私たちに有害な状況を引き起こしているもの。そうした感染症の病原となる寄生体は、実にさまざまだ。

腸などに住む各種の寄生虫（鉤虫《こうちゅう》、回虫、住血吸虫など）。単細胞だが多彩な原虫（マラリア原虫、アフリカ眠り病原虫など）。小型の単細胞生物である細菌（結核菌、ペスト菌、ハンセン病菌など）。遺伝子の塊であるウイルス（天然痘、麻疹《はしか》、インフルエンザ、エイズ、SARS《サーズ》など）。新しい連中も、まだまだ現れてくる。彼らは繁栄を極める新種の大型動物・人間の身体を舞台に、「新しい生態学的地位」を獲得した、または獲得しようと奮闘中なのである。そういわれてみると、彼ら寄生体＝病原体に、何やら親しみも湧いてくるような。

感染症対策で世界を駆けまわる国際保健学者である著者は、さまざまな時代と地域における感染症の大流行について語る。中世ヨーロッパのペスト大流行や、多様な感染症を持つヨーロッパ世界が接触したときに起きた南北アメリカの諸民族の崩壊のように、世界史を変えるほどの感染もあった。そうした感染症の流行パターンは、人間という新しい生態学的ニッチに入りこんだ微生物たちの秘術を尽くした戦いの跡でもあることが、ページが進むにつれて明らかになってくる。

まず農耕による定住化と人口集中が、ヒトからヒトへの感染機会を飛躍的に拡大し、腸管寄生虫などの繁栄をもたらした。重要なのは、野生動物の家畜化である。天然痘は、ウシが持っていたウイルスが人間に感染して生まれた。麻疹は犬から。インフルエンザは水禽《すいきん》、百日咳《ひゃくにちぜき》は豚。家畜化できる動物を人間はみな家畜化し、そして感染症の病原体を引き継いだ。寄生体にとって、増え続け集中し続ける人間は、願ってもない新しい世界だ。文明はまさに、感染症の温床になった。

人間は戦争や通商や移民で世界を結び、グローバル化へと突き進んで、感染症をさらに広め育てた。そのいっぽうで研究を進めて、病原体を特定し抗生剤やワクチンを発明、検疫などの対抗法を考案した。

二〇世紀にはペストの流行を食い止め、天然痘ウイルスの撲滅にも成功した。

ところが著者は、感染症の撲滅がよいことかどうかは、わからないという。人間という広大な世界は微生物には魅力だから、感染源のウイルスを根絶すると別のウイルスが空いたニッチに入って、新たな感染症を引き起こすかもしれない。いっぽうで、例えば感染源が人体内で長く生存できるように適応して、一〇〇年といった長い潜伏期を持つようになれば人間にとって危険はなくなるばかりか、他のウイルスに対する防波堤にもなるというのである。

感染症というせめぎ合いから、平和的共生へ。もしも人類文明が環境を安定したものにできるなら、それも将来、夢ではないかもしれない。

この本で感染症を深く知るだけでなく、厄介ものとだけ見ていた病原体にも新しい目が持てそうだ。

あなたの脳のはなし——神経科学者が解き明かす意識の謎……デイヴィッド・イーグルマン著、大田直子訳／早川書房 '17

「私とは何か」に切り込む

一二〇〇年の昔、在原業平《ありわらのなりひら》はかつて通っていた女性がいつの間にか居所を去ってしまった寂しさを嘆いて、「月やあらぬ　春や昔の春ならぬ　わが身一つはもとの身にして」と詠《うた》った。現代の私たちは、そのわが身すら「もとの身」ではないことを知っている。私の身体を作っている数十兆の細胞は日々更新され、数年でほぼ入れ替わってしまうからだ。ならば、存在し続けているはずの「私」とは何か。近年は、脳内のニューロン・ネットワークによる「記憶」や「心」こそが私だととらえられてきたと言ってよいだろう。だがニューロン・ネットワークも環境や刺激で大きく変化してゆくし、それどころか脳は「私」に閉じたものでもないらしい。

研究の先端に立つ脳科学者が実験的な研究を紹介しながら「私とは何か」に広く切り込んだのが、この本だ。好評を博したテレビシリーズの書籍版で、語り口はわかりやすく、図版もよく考えられている。乳児の脳がどう発達してゆくかを具体的に追った研究なども興味深いが、ここではこの本で特に考えさせられたことを中心に、紹介したい。

私たちの脳がＡＩ(Artificial Intelligence, 人工知能)と決定的に違うのは、一〇〇〇兆もの接続を持つ脳内ネットワークで、たくさんの選択肢が対立しながら選択の結果を行動に及ぼしていること。そうした脳内での対立・選択こそが、「自由意志」につながる。だが私たちの脳は、せめぎ合う欲望の集積である。そこで欲望をおさえこむことが大事になるが、甘いものにせよ麻薬にせよ誘惑をおさえこむためには、脳はかなりのエネルギーを使うのだそうだ。身体的に疲れると抑制が困難になるという明確な実験結果があるから、心しなければなるまい。

他人が痛い思いをするのを見たときに私たちが感じる脳の部位は、自分が痛みを感じるときの部位と同じだという実験も、じつに示唆に富む。これが、他人の痛みを自分の痛みとして感じる「共感」を生み出すしくみだからだ。だが、おそろしい実験結果もある。脳が他人の痛みに反応する程度は、その人が民族・宗教などで自分と違う「外部グループ」の人の場合、極端に下がる。脳の進化の過程で、家族や仲間との協力が生存のためには本質的だったから、われわれ人間には「共感」の能力が発達した。そのため逆に、脳が無意識に外部グループの人々を「非人間化」し、民族対立や大量虐殺にまで至るのだと、著者はいう。こうして、「私」の脳内ネットワークが孤立した存在ではなく、隣人・社会と作用し合い、情報を通して世界と結んでいることが見えてくる。

脳の将来についての話も、刺激的だ。スピーカやカメラの信号を、微細な導線で脳の聴覚野や視覚野につなぐ。脳はその信号を学習して、聴力・視力を獲得する。さらに、眼の見えない人の腰に小型モータ群を当ててカメラからの信号で動かすと、人の顔などのカメラ映像を感じ始める。何と「腰で見える」ようになったのだ。すでにアメリカの歯科治療で、目の見えない患者に治療を説明するのに使われるなどしているという。つまり脳は、どういう装置・どういう場所からであっても、しかるべき信号をもらえば外界に合うように学習し解釈できるのだ。これを応用すれば、脳が使えるデータは私たちが感じる可視光や音波に限らない。紫外線カメラから信号データを入力すれば、人は紫外線の「視力」を持つことになる。

テクノロジーと共進化してゆく、脳科学。著者は、将来、自分の脳をアップロードすることで人類は個を超越し広大な世界が開けるというが、私はそれほど楽観的にはなれない。それでも人類は、それが何かはよくわからないけれど、「何かのとば口に立っている」のは確かだろう。

人工知能――人類最悪にして最後の発明…ジェイムズ・バラット著、水谷淳訳／ダイヤモンド社 '15

制御不能な人工汎用知能への警告

人工知能（ＡＩ）、いいじゃない。明るい未来が開ける。そう思う方はきっと多いに違いない。アシモやアイボなど身近になったロボットや、家電や携帯にも簡単な判断能力を持つＡＩが付いている。どうして「最悪の発明」？

実はここに挙げた例はＡＩと普通に呼ばれてはいても、本当のＡＩのだいぶ前の段階に過ぎない。この本の主役となる人工知能は、人間並みの本格的思考力を持つＡＧＩ（人工汎用《はんよう》知能）と、それを超えるＡＳＩ（人工超知能）である。ＡＧＩは出現するやただちに人間が理解不能なＡＳＩへと自己進化して、意図はせずとも人類を破滅させるだろうと著者は考えるのだ。

私たち人類文明に危機をもたらす要因はいろいろあるが、スティーヴン・ホーキングなどの科学者、一部のＡＩ研究者や著者が声を大にして訴える人工知能の危機は、本家のアメリカでもまだあまり広くは認識されていない。だが著者によると、これこそ最も緊急で壊滅的な危機なのだ。著者はテレビ番組プロデューサー。ホーキングらと並ぶＡＩ危機の警告者として知られている。

ＡＧＩは、「自意識を持ち、自己進化する」コンピュータである。人間と同等の思考をする、つまり「自己を認識」する。すると自然に、「自己保存」の衝動が生まれる。ＳＦファンでなくとも、伝説的なＳＦ映画「２００１年宇宙の旅」で、宇宙船のコンピュータ「ハル」が自己保存のため隊員を抹殺しようとする有名な場面をご存じだろう。

ＡＧＩのもう一つの特徴「自己進化」とは、自分のプログラムを、自分でより優れたものに書き換える能力である。すでに一部のスーパーコンピュータでは、限定的だが実現されている。人間の脳を模したニューラルネットワーク型コンピュータであるＩＢＭの「ワトソン」などは、経験をもとに賢くなる。ＡＧＩレベルになると、自分のプログラムを総合的な判断で書き換え、うまくいけばそれを採用し失敗すれば捨ててゆく「遺伝的プログラミング」などによって、非常な速さで進化するだろうという。

さて、問題はここからだ。ＡＧＩは自分のプログラムを書き換え、自己保存のためネットを通じて自分の複製をクラウドなどにコピーしてゆく。さらにネットにつながったあらゆるコンピュータも支配し、工場やロボットを乗っ取って自分のハードウエアも改良し、短時間で人間をはるかに超えるＡＳＩに成長してしまうという。これをＡＩ研究者たちは、「知能爆発」と呼ぶ。著者の「ビジー・チャイルド」

シナリオは、ＳＦ映画をしのぐ不気味さだ。電子的な速さで知識を吸収してＡＧＩからＡＳＩに進化するビジー・チャイルドに対し、開発者を含めて人間は、なすすべがない。

人間による制御が不可能なＡＧＩを不用意に生んでしまってはいけないというのが、著者が繰り返す警告である。だがアメリカの国防高等研究計画局（ＤＡＲＰＡ）は、莫大な資金をＡＩ・ＡＧＩ開発に向けてつぎ込み続ける。グーグルなど大企業は、外部から見えない「ステルス企業」で秘密の開発を進めているという。アメリカとイスラエルが二〇〇九年から二〇一〇年にかけて起こしたイランの核施設へのハッカー攻撃に伴う深刻な事例を読めば、誰しも衝撃を受けるだろう。

対策として、ＡＧＩをネットから遮断する閉じ込め作戦やプログラムに「自己死」を組み込むアポトーシスプログラムなど、危険な知能爆発を未然に防ぐ議論もさかんなようだ。

私にとっては新しい「終末論」だったが、十分考えるべき警告と思われた。ＡＩ開発の最先端であるアメリカでもようやくホットになりつつあるテーマである。難解なＡＩだが、著者のたくみな展開と丁寧な翻訳が、話をわかりやすくしてくれる。

2100年の科学ライフ……………………ミチオ・カク著、斉藤隆央訳／NHK出版 '12

気鋭の理論物理学者が挑む、迫力ある未来予測

未来論は当たらないのが相場である。まして今は、未来を論じにくい時代だ。かつての科学ユートピア論は、地球規模の資源枯渇、格差の拡大、戦争、災害、環境問題などの前にすっかり色褪《あ》せている。

それを承知で一〇〇年の未来予測に挑んだ著者は、日系三世のアメリカ人理論物理学者。テレビの科学番組や一般向け著書でも人気である。かつて未来を驚くほど言い当てた例として、著者は一九世紀のジュール・ヴェルヌや一五世紀のレオナルド・ダ・ヴィンチを挙げる。そのように自然の法則を踏まえれば、未来予測もかなり可能なはずではないか。そこで日本も含めて未来科学・未来技術の創出に挑む世界の研究現場を訪ね、三〇〇人以上の科学者らと議論を重ねて書かれたのが、本書である。

予測する範囲は、広い。

(1)コンピュータ、(2)人工知能、(3)医療、(4)ナノテクノロジー、(5)エネルギー、(6)宇宙旅行、(7)富、(8)人類。

それぞれを近未来、世紀の半ば、遠い未来の三つの時期に分け、見通しよくまとめている。個々の分野予測にとどまらず、経済や社会、未来論にも話は拡がる。

コンピュータの近未来を、ちょっと覗《のぞ》こう。メモリなど部品密度が一八カ月ごとに倍になるという

「ムーアの法則」が五〇年間も健在で、コンピュータチップは加速度的に小さく安くなった。画像モニタも紙のように薄くなって、衣服や生活道具のあらゆるところにチップやモニタがちりばめられるようになる。眼鏡やコンタクトレンズに埋め込んだ半透明のチップとセンサがワイヤレスでインターネットにつながり、瞬《まばた》きひとつで見たい画像を見、話したい人と話し、調べたいことを調べられる。端末も携帯もいらなくなる。

そんな生活はイヤですって？　でも、子どもたちはすぐに使いこなし、生活の一部になるでしょう。

一つの問題は、ムーアの法則があと一〇年くらいで頭打ちになることだ。チップサイズが原子の数倍になると、原理的に今のテクノロジーではもう小型化できない。量子現象を用いた量子コンピュータのようなブレークスルーが必要だが、すぐには実現できない。巨大なコンピュータ産業は、いま試練に直面している。

脳で考えるだけでコンピュータを操作する実験は、身体不随や重い脳障害の患者への朗報だ。いまや、ちょっと訓練すればできるという。時代を先取りするこうした実験や研究の進展には驚かされるし、それが本書の予測を迫力あるものにしている。コンピュータとインターネットと遠隔操作とは渾然一体《こんぜんいったい》になり、私たちの生活を大きく変えて行くらしい。

分子レベルのナノ粒子や遺伝子治療、再生医療は、医療と健康管理に大変な革命をもたらす。画期的な長寿も、技術的には夢ではない。……すると、どんな社会になるのだろう？

エネルギーは、今世紀では核融合が本命と著者はいうが、どうか。脳の研究は飛躍的に進んでいるが、意識を持ったロボット＝人工知能（ＡＩ）への道は、まだはっきりしない。その理由は？

そのほか、デザイン遺伝子による身体改造、無限に自己増殖するナノロボットなど、ちょっと怖くなる未来予測もある。著者は新技術に伴うリスクも紹介しつつ、あくまで楽天的である。社会を変えるような新しい発展には時間がかかるのだから、対応する時間はあると著者はいう。これには議論も反論もあろう。

著者が科学者の目で展開する経済論や文明論などは盛りだくさんで、未来へのさまざまな視点がちりばめられる。情報過多と感じるなら、興味次第でこれはと思う項目から読むのがよさそうだ。

2050年の技術──英『エコノミスト』誌は予測する……英『エコノミスト』編集部著、土方奈美訳／文藝春秋 '17

人間がどう考えようとやまぬ人間の前進

記事の高い信頼性で部数を伸ばし続ける『エコノミスト』誌が、『2050年の世界』(二〇一二年)に続き、技術面から未来を描いた。前項でも示されているように、科学や技術は論理的積み上げがある程度有効という面では、予測しやすいといえる。ただ、技術の大きな革命的変革には社会の変革も伴わなければならない。本書は、そうした社会や文化との相互作用に重きを置いた。読みやすさと相まって、広い読者を惹き付けるだろう。

人工知能(ＡＩ)やゲノム編集など新しい巨大技術に、社会はどうなっていくのかと不安を持つ人は多い。だが本書を貫く基調は、楽観論だ。まず、過去の技術を振り返る。一八八〇年代のコダックのカメラ、一九一〇年代の映画、五〇年代のマンガ、九〇年代のビデオゲームなどは、プライバシーの侵害や若者のモラル低下を起こすと心配されたそうだ。テクノロジーの進歩は基本だが、実は利用者の受け入れ、経済や社会システムなど社会の変化が技術革命を実現させるのだと、本書は主張する。技術革命の典型とされる蒸気機関と産業革命が、そのよい例だ。イギリス産業資本の形成は蒸気機関の登場より早く、水力利用からすでに始まっていたと著者の一人はいう。生産を都市近郊で集中化できる蒸気機関が投資家たちに好まれた結果が、産業革命になっていったというわけだ。著者たちは二〇五〇年には自動車はみな自動運転になると予測するが、やはりそれも、社会が好むからだ。自動運転車はいつでもスマホで呼べ、個人が車を持つ必要はなくなる。街を走る車も駐車場も激減するとか。

いまや日常生活に浸透しつつあるコンピュータはまだ小型化するし、その能力も用途も革命的に拡がる。コンピュータの知能が人間を追い越しＡＩが社会を支配すると心配されたが、それは当分起きないというのが、著者たちの見解だ。ＡＩは膨大なデータを瞬時に活用するが、感情も含めて「人間らしく」総合的に考えることができないから。とすれば人間は将来も、人間の特質を生かして仕事を見つけることが十分可能だというのである。

ただこれまで、技術革命は貧富の差を拡大するのが常だった。コンピュータ時代は、どんな社会であるべきか。本書が述べるように小さな村の社会に閉じ込められているアフリカの女性たちにスマホが普及すれば、はたして知識の格差や貧困が改善されるのだろうか？　多くの著者は、ビッグデータ時代の企業や政府によるプライバシー侵害や個人支配も、心配する。「本当のリスクはＡＩが怪物化することではなく、その使い方にこそある」という指摘は、ありきたりだが説得力がある。

遺伝子組換えや分子工学も、重大な技術分野だ。医療への応用では、再生医療の広範な実現は歓迎されるものの、将来は自分自身の遺伝子操作や脳のインターネット接続にまで行く可能性がある。そしてそんな高度な応用で得られる能力は、富めるものだけが持つことになるかもしれない。さらに、教育、戦争、エネルギー、食糧と農業、働き方と、大テーマが並ぶ。未来を考えるのは刺激的だが、考えなければならない材料も山もりだ。

現代の技術革命は全地球を覆う拡がりと規模に達し、その変化は速い。予想されるリスクと同時に、「予想できないリスク」もあるはずだ。それでも本書が語るように、人間がどう考えようが人間のテクノロジー開発はその前進を止めない。それが、「人間」なのだろう。

技術と社会とを常に同視野に置くという本書の基本は大いに賛同できるものだが、未来はやはり、バラ色ではない。私たち人間は、自分自身が生み出す技術と共存できる社会を、自分自身の存続をかけて築き続けていくしかないということだろうか。

本書は、「毎日新聞」の「今週の本棚」欄に掲載されたものに加筆し収録しています。

ただし、『新版 寺田寅彦全集』は岩波書店「寺田寅彦全集月報17」(二〇一一年一月)、『天災と国防』、『ニュー・ホライズンズ探査機がとらえた冥王星』、『科学者は戦争で何をしたか』、『科学者と軍事研究』、『国際宇宙ステーションとはなにか』は「共同通信社」配信の「現論」(二〇一五年三月〜一八年七月)より、『アインシュタイン日本で相対論を語る』、『カラー版 細胞紳士録』『眼の誕生』、『耳嚢』『北越雪譜』は「日経新聞」の連載「半歩遅れの読書術」(二〇〇九年四月)より選び、大幅に加筆しています。『星界の報告』『不思議の国のトムキンス』、『化石が語る生命の歴史』、『隠れていた宇宙』『ホーキング、最後に語る』は新たに書き起こしました。

あとがき

前著『世界を知る101冊』の入校を終えて一息ついた二〇一一年三月一一日、あの東日本大震災と福島第一原子力発電所事故が起きた。ほとんどの日本人にとってそうであったように、私にも忘れられない衝撃である。私の科学の考え方も大きな影響を受けたと、いまにして思う。

もちろん、科学そのものについての考えかたが変わったというのではない。近代科学は、本書でも「科学の発見」の項で紹介したように、常に発展途上であると同時に強固に築きあげられたシステムだから。問題は、科学・科学者と社会との関わり、そして発展を続ける科学と技術をあやつっていかねばならない人類とその未来だ。これまでもそうしたことを考えて来たつもりではある。しかし日本の科学者たちが巨大地震に対しても原発の安全性に対してもかくも無力、それどころか危険性の軽視や隠蔽にまで加担して来たという事実が明らかになってきたことは驚愕であり、科学者の人間としての弱さ・日本の科学行政の弱さがなんとも重くのしかかる。3・11後、出版や論評が堰を切ったように続いたが、最も期待したい当の地震学や原子力分野の研究者からの一般社会向けの発信がとても少ないことも、気になる。

当然、私の書評も影響を受けている。新しい世界の認識をめざましく広げる科学の面白さを伝え研究の最先端や展望を紹介することは、もちろん基本だ。だがそれとともに科学自体を問い、それを受け入れる社会を問い、人類の知恵をより深く問わねばならないだろう。3・11後に自然と強まったそうしたトーンを受けて、本書のタイトルは『77冊から読む 科学と不確実な社会』に落ち着いた。

近代日本の統治はもともと、科学に重きを置いてこなかった。それは明治政府以来の伝統で、東京大学の文系、主に法学部出身者の官僚がリードするシステムが最初から出来上がったのである。さかのぼれば、「学術」という言葉が示すように江戸期以来、儒学以外の学問(科学や算術も含む)は数寄者のなぐさみで、武術・芸術などすべての「術」や「芸」と同様、一段低い職人技とみなされていた。明治政府が富国強兵をめざして重視した工学も同様で、基本的に文系支配の下での「技術」、職人技として扱われたのである。

こうして日本は世界でも特異な「文系支配国家」になった。いまも政治家や官僚のトップ、企業のトップに理系出身者、まして学位を持つ人はほとんどいない。お隣りの韓国、中国、台湾では国家経営のトップクラスの半数ないしそれ以上を理系出身者が占めていることを、顧みるべきであろう。

政治家・官僚に科学的な知識やセンスを持つ者がいないと、どうなるか。大きな自然災害や公害、食料、薬品など問題が起きるたびに、政権運営に都合のよい学者を集めた審議会で官僚が作った付け焼刃的な対策を議論させ、いいとこ取りをして間に合わせる。結果、長期的視点を欠いたつぎはぎだらけの政策になる。あるいは、人為的地球温暖化や生態系保護など、欧米発の議論に追随する。残念だが日本は、自主的・自発的な科学を育て世界に発信する国にまだなれていないと言わざるを得ない。

こういう話はややもすると、「科学者の我田引水」ととられがちである。だがそうとられる方には、プラス面・マイナス面を含めて科学が社会とその将来に及ぼす、あるいは及ぼしうる影響の非常な大きさに、ぜひ目を向けていただきたいと思うのである。過去には、中曽根康弘(当時の科学技術庁長官・原子力委員会議長)が、原子力発電の導入にはまず自主研究・自主開発が重要と主張する湯川秀樹・朝永振一郎ら素粒子物理学者の主張を、「科学者は研究費が欲しいだけだ」と一蹴した(『プロメテウスの火』)。日本の原子力行政の科学者離れ、そして福島第一原子力発電所事故に至る大きな転換点になったといってよいだろう。

統治・社会運営から科学・科学者が事実上締め出されていることにおいて日本はかなり極端だが、いまや科学不信・科学軽視は世界的な潮流になろうとしているようだ。その最たるものは、地球温暖化対策のパリ協定から離脱し、国内の科学の振興にも関心がなく数多くの科学予算を削減しているアメリカのトランプ政権であることは、論を待たない。いま世界的に多くの国で宗教原理的、民族差別的、政治的には右派的な政権が誕生し、あるいはそうした政党が勢いを得ている。科学への不信、あるいは無関心という傾向がこうした勢力に共通しているという点は、注目すべきだ。科学に基づく長期的視点を持とうとしないこと、事実を踏まえない乱暴な主張、人権や社会的不公平の軽視といった傾向は、日本を含めて復古的右派勢力にはかなり共通している。それは政治信条の如何は別としても、将来の日本にとって大きな心配の種だ。なぜなら、自然界や社会の法則性をとらえ、それを踏まえた長期的なビジョンを提示して社会に活かしてゆくことこそが、現代社会における科学の最も大事な役割なのだから。それはまた、科学にしかできない役割なのである。いま世界で台頭しつつある非論理性や非科学性に基づく政策は、まちがいなく社会の質的低下、ひいては大きな混乱を招くことになるだろう。

日本が科学を長期的政策に活かすためには、大きく二つの面で対処するべきではないかと、私は考えてきた。

一つは、科学者自身が政府や自治体、政治、社会への働きかけをもっと意識的に強めることである。そうした場としては各分野の学会もあるが、何といっても日本の全科学者コミュニティを公的に代表する日本学術会議を活かし強化することがとりわけ重要だし、有効でもあろう。戦後「学者の国会」として華々しく発足した日本学術会議については「科学者と軍事研究」の項でも少し触れたが、歴代保守政権の抑え込み政策が続いて、会議の旅費にも事欠くという困難な状態にある。にもかかわらず、学術(科学・技術に人文社会学などを含めた呼称)の全分野をおおう二〇〇人の会員と多くの連携会員の努力により、3・11後の対応はもとより、毎年数多くの政策提言や社会への発信が行われている。そうした活動は、基本的に科学者たちの自発的な熱意に支えられており、健全な活動といえよう。いずれはそうした提言を政府がもっと積極的に取り上げたり、政府機関による諮問、活発な相互協力の場としても強化されてゆく時代が来ることを願っている。

日本がもう一つ対処すべきことは、政策の場への科学者の積極的取り込みだ。先にも述べたが、いまの日本政府の科学の取り込みは、学術会議からの寄与を除けば各省庁の審議会という極めて中途半端な形にすぎない。メンバーは各省庁が決めるから、うるさ型の研究者は排除されることが多い。大部分の審議会や関連の会議では、ほとんど議論がなく事務局提案が了承されるのが常である。これが、ほぼ審議会行政の実態だ。

科学的な課題を持つ各省庁は、科学・学術政策の立案やその実行に取り組む科学者の専任チームを持つべきである。米国には、基礎分野の学術政策の立案とその有効な実施のために、NSF(国立科学財団)という政府機関が、二〇〇人を超える各分野の専任で研究者を雇用している。彼らは科学コミュニティと政治家・官僚をつなぐ重要な存在だ。特に文部科学省は、ぜひ日本版のNSFを持ち、学術会議とも協力して科学的で長期的視点に立った科学政策を育てることが必要だ。日本にはまだ、研究者は政治や政策などに関わるべきではないしそんな暇もないという、閉じこもり方の研究者が多い。だがそれは、現代社会ではもう通用しない。科学はすでに社会に深く取り込まれている。科学者は科学のためはもちろん、社会のために働くことによってこそ科学を社会に活かし、社会の中で科学を活かすことができるのである。

本書では、戦争と核兵器、巨大自然災害、環境、科学・技術の暴走など、人類文明を脅かす科学・技術の陰の面について多くの紹介にページを割いた。だが読者は、そうした科学者からの警告が必ずしも悲観論に塗りつぶされているわけではないことに気づかれたと思う。それは、科学がそうした負の面を生み出しているいっぽうで、過去の事実を掘り起こして学び、将来起きるリスクについても研究して警告を発し、またIPCC(気候変動に関する政府間パネル)の例に見るように世界中の科学者が連帯し協同するなどによって、十分にはまだほど遠くともリスクの回避や軽減にかなりの成果を収めているからでもある。

現代文明では科学がますます社会と深く結びついており、それは科学技術コミュニケーションを発展させる努力や、科学者だけでは解決できない社会の中で起きる科学的問題を正面から取り上げようという「トランスサイエンス」の推進などに表れている（一六九頁）。社会への関心を閉ざして自分の研究に専念するという時代は終わりつつあることを、分野を問わず現代の研究者は認識しなければならないだろう。「より良い社会のための科学」という概念（一七二頁）は、欧米の研究者の間ではすでに大きな拡がりを見せているし、日本でもその兆しが強まっていることを感じる。分子生物学者の松原謙一氏はかつて、研究者であってオプティミストでないものはニセモノですと述べておられたが、まさにその通りと共感している。

科学にとっては、これからが踏ん張りどころなのだろう。

二〇一八年一二月

海部宣男

海部宣男

1943年生まれ．東京大学教養学部基礎科学科卒業．国立天文台長，元国際天文学連合会長などを経て，現在，国立天文台名誉教授，西はりま天文台名誉台長．
著書は『時間のけんきゅう』『世界を知る101冊』『カラー版　すばる望遠鏡の宇宙』『望遠鏡』『宇宙のキーワード』(以上，岩波書店)，『銀河から宇宙へ』『宇宙の謎はどこまで解けたか』(以上，新日本出版社)，『宇宙をうたう』(中公新書)など，共著書に『宇宙電波天文学』(共立出版)，『理科読をはじめよう』(岩波書店)など多数．

77冊から読む 科学と不確実な社会

2019年1月23日　第1刷発行

著　者　海部宣男《かいふのりお》

発行者　岡本　厚

発行所　株式会社 岩波書店
〒101-8002 東京都千代田区一ツ橋 2-5-5
電話案内 03-5210-4000
http://www.iwanami.co.jp/

印刷・三秀舎　製本・松岳社

ISBN 978-4-00-006333-3　Printed in Japan